U0249081

住房和城乡建设部"十四五"规划教材

教育部高等学校工程管理和工程造价专业教学指导分委员会规划推荐教材

高等学校智能建造专业系列教材

丛书主编　丁烈云

建 筑 环 境 智 能

Ambient Intelligence in Building Environments

周　迎　邓庆绪　主编

沈卫明　郑　琪　主审

中国建筑工业出版社

图书在版编目（CIP）数据

建筑环境智能 = Ambient Intelligence in
Building Environments / 周迎，邓庆绪主编. -- 北京：
中国建筑工业出版社，2024.6. --（住房和城乡建设部
"十四五"规划教材）（教育部高等学校工程管理和工程
造价专业教学指导分委员会规划推荐教材）（高等学校智
能建造专业系列教材 / 丁烈云主编）. -- ISBN 978-7
-112-30106-5

Ⅰ. TU-39

中国国家版本馆 CIP 数据核字第 2024DB8011 号

本教材以建筑环境智能为主旨，探讨了与其深度相关的基础设施和关键技术，并详细举例说明了环境智能在不同建筑空间的应用场景。教材共分为 6 章，包括导论、建筑环境智能的基础设施与技术、建筑环境智能中的普适计算、建筑环境智能的应用场景、建筑环境智能的社会影响分析和建筑环境智能实例。

本教材可作为普通高等院校智能建造及相关本科或研究生专业方向的课程教材，也可供土木工程、水利工程、交通工程和工程管理等相关专业的科研与工程技术人员参考。

为更好地支持相应课程的教学，我们向采用本书作为教材的教师提供教学课件，有需要者可与出版社联系，邮箱：jckj@cabp.com.cn，电话：（010）58337285，建工书院 https://edu.cabplink.com（PC端）。

总　策　划：沈元勤
责任编辑：张　晶　牟琳琳
责任校对：赵　菲

住房和城乡建设部"十四五"规划教材
教育部高等学校工程管理和工程造价专业教学指导分委员会规划推荐教材
高等学校智能建造专业系列教材
丛书主编　丁烈云
建筑环境智能
Ambient Intelligence in Building Environments
周　迎　邓庆绪　主编
沈卫明　郑　琪　主审

＊

中国建筑工业出版社出版、发行（北京海淀三里河路9号）
各地新华书店、建筑书店经销
北京红光制版公司制版
天津安泰印刷有限公司印刷

＊

开本：787 毫米×1092 毫米　1/16　印张：11¾　字数：293 千字
2024 年 12 月第一版　　2024 年 12 月第一次印刷
定价：**45.00** 元（赠教师课件）
ISBN 978-7-112-30106-5
（43147）

高等学校智能建造专业系列教材编审委员会

主　任：丁烈云

副主任（按姓氏笔画排序）：

朱合华　李　惠　吴　刚

委　员（按姓氏笔画排序）：

王广斌	王丹生	王红卫	方东平	邓庆绪	冯东明
冯　谦	朱宏平	许　贤	李启明	李　恒	吴巧云
吴　璟	沈卫明	沈元勤	张　宏	张　建	陆金钰
罗尧治	周　迎	周　诚	郑展鹏	郑　琪	钟波涛
骆汉宾	袁　烽	徐卫国	翁　顺	高　飞	鲍跃全

本书编审委员会名单

主　　编：周　迎　邓庆绪

主　　审：沈卫明　郑　琪

副主编：汪力行　刘　晖

编　　委：（按姓氏笔画排序）

　　　　　王跃嵩　刘　晨　项星玮

出　版　说　明

智能建造是我国"制造强国战略"的核心单元，是"中国制造2025的主攻方向"。建筑行业市场化加速，智能建造市场潜力巨大、行业优势明显，对智能建造人才提出了迫切需求。此外，随着国际产业格局的调整，建筑行业面临着在国际市场中竞争的机遇和挑战，智能建造作为建筑工业化的发展趋势，相关技术必将成为未来建筑业转型升级的核心竞争力，因此急需大批适应国际市场的智能建造专业型人才、复合型人才、领军型人才。

根据《教育部关于公布2017年度普通高等学校本科专业备案和审批结果的通知》（教高函〔2018〕4号）公告，我国高校首次开设智能建造专业。2020年12月，住房和城乡建设部办公厅印发《关于申报高等教育职业教育住房和城乡建设领域学科专业"十四五"规划教材的通知》（建办人函〔2020〕656号），开展了住房和城乡建设部"十四五"规划教材选题的申报工作。由丁烈云院士带领的智能建造团队共申报了11种选题形成"高等学校智能建造专业系列教材"，经过专家评审和部人事司审核所有选题均已通过。2023年11月6日，《教育部办公厅关于公布战略性新兴领域"十四五"高等教育教材体系建设团队的通知》（教高厅函〔2023〕20号）公布了69支入选团队，丁烈云院士作为团队负责人的智能建造团队位列其中，本次教材申报在原有的基础上增加了2种。2023年11月28日，在战略性新兴领域"十四五"高等教育教材体系建设推进会上，教育部高教司领导指出，要把握关键任务，以"1带3模式"建强核心要素：要聚焦核心教材建设；要加强核心课程建设；要加强重点实践项目建设；要加强高水平核心师资团队建设。

本套教材共13册，主要包括：《智能建造概论》《工程项目管理信息分析》《工程数字化设计与软件》《工程管理智能优化决策算法》《智能建造与计算机视觉技术》《工程物联网与智能工地》《智慧城市基础设施运维》《智能工程机械与建造机器人概论（机械篇）》《智能工程机械与建造机器人概论（机器人篇）》《建筑结构体系与数字化设计》《建筑环境智能》《建筑产业互联网》《结构健康监测与智能传感》。

本套教材的特点：（1）本套教材的编写工作由国内一流高校、企业和科研院所的专家学者完成，他们在智能建造领域研究、教学和实践方面都取得了领先成果，是本套教材得以顺利编写完成的重要保证。（2）根据教育部相关要求，本套教材均配备有知识图谱、核心课程示范课、实践项目、教学课件、教学大纲等配套教学资源，资源种类丰富、形式多样。（3）本套教材内容经编写组反复讨论确定，知识结构和内容安排合理，知识领域覆盖全面。

本套教材可作为普通高等院校智能建造及相关本科或研究生专业方向的课程教材，也可供土木工程、水利工程、交通工程和工程管理等相关专业的科研与工程技术人员参考。

本套教材的出版汇聚高校、企业、科研院所、出版机构等各方力量。其中，参与编写的高校包括：华中科技大学、清华大学、同济大学、香港理工大学、香港科技大学、东南大学、哈尔滨工业大学、浙江大学、东北大学、大连理工大学、浙江工业大学、北京工业大学等共十余所；科研机构包括：交通运输部公路科学研究院和深圳市城市公共安全技术研究院；企业包括：中国建筑第八工程局有限公司、中国建筑第八工程局有限公司南方公司、北京城建设计发展集团股份有限公司、上海建工集团股份有限公司、上海隧道工程有限公司、上海一造科技有限公司、山推工程机械股份有限公司、广东博智林机器人有限公司等。

　　本套教材的出版凝聚了作者、主审及编辑的心血，得到了有关院校、出版单位的大力支持，教材建设管理过程严格有序。希望广大院校及各专业师生在选用、使用过程中，对规划教材的编写、出版质量进行反馈，以促进规划教材建设质量不断提高。

中国建筑出版传媒有限公司

2024 年 7 月

序　言

  教育部高等学校工程管理和工程造价专业教学指导分委员会（以下简称教指委），是由教育部组建和管理的专家组织。其主要职责是在教育部的领导下，对高等学校工程管理和工程造价专业的教学工作进行研究、咨询、指导、评估和服务。同时，指导好全国工程管理和工程造价专业人才培养，即培养创新型、复合型、应用型人才；开发高水平工程管理和工程造价通识性课程。在教育部的领导下，教指委根据新时代背景下新工科建设和人才培养的目标要求，从工程管理和工程造价专业建设的顶层设计入手，分阶段制定工作目标、进行工作部署，在工程管理和工程造价专业课程建设、人才培养方案及模式、教师能力培训等方面取得显著成效。

  《教育部办公厅关于推荐 2018—2022 年教育部高等学校教学指导委员会委员的通知》（教高厅函〔2018〕13 号）提出，教指委应就高等学校的专业建设、教材建设、课程建设和教学改革等工作向教育部提出咨询意见和建议。为贯彻落实相关指导精神，中国建筑出版传媒有限公司（中国建筑工业出版社）将住房和城乡建设部"十二五""十三五""十四五"规划教材以及原"高等学校工程管理专业教学指导委员会规划推荐教材"进行梳理、遴选，将其整理为 67 项，118 种申请纳入"教育部高等学校工程管理和工程造价专业教学指导分委员会规划推荐教材"，以便教指委统一管理，更好地为广大高校相关专业师生提供服务。这些教材选题涵盖了工程管理、工程造价、房地产开发与管理和物业管理专业主要的基础和核心课程。

  这批遴选的规划教材具有较强的专业性、系统性和权威性，教材编写密切结合建设领域发展实际，创新性、实践性和应用性强。教材的内容、结构和编排满足高等学校工程管理和工程造价专业相关课程要求，部分教材已经多次修订再版，得到了全国各地高校师生的好评。我们希望这批教材的出版，有助于进一步提高高等学校工程管理和工程造价本科专业的教学质量和人才培养成效，促进教学改革与创新。

教育部高等学校工程管理和工程造价专业教学指导分委员会

2023 年 7 月

前　　言

建筑作为我们生活和工作的场所，正经历着前所未有的智能化变革。在智能手机和智能汽车之后，建筑被视为改变人们日常生活的下一个智能终端。根据丁烈云院士（2021年）的定义，"建筑智能终端"是利用环境智能技术构建的可控智能空间，是传感器构建的物理空间与智能算法构建的信息空间的融合。环境智能与建筑的结合，正在成为未来建筑发展的重要方向。本教材旨在深入探讨建筑环境智能的各个方面，包括基础设施、关键技术、应用场景、社会影响及实例展示，希望读者能对建筑环境智能有一个全面的认识。

环境智能（Ambient Intelligence，AmI）一词最初出现在 20 世纪 90 年代末，但其许多特征可以追溯到普适计算（Ubiquitous Computing，UbiComp）。UbiComp 的目标是将计算技术无缝融入日常生活中的各种物体和环境中，使其随时随地为人们提供智能服务，AmI 的理念与其类似但有所不同。作为另一种未来技术的愿景，环境智能更加关注于人的存在。建筑空间与环境智能的结合，能够最大程度地实现人本关怀。在医疗建筑中，AmI 能够帮助实现及时有效的诊疗和照护；在居住建筑中，则能提供更便捷、智能且安全的居住体验。

技术的实现离不开背后的基础设施和技术支持，如传感器网络、计算机视觉、室内定位技术等。通过部署感知设备来获取环境数据是实现 AmI 愿景的基础。同时，大量部署感知设备，如何处理这些数据以及如何在其中获取有用信息并加以利用，需要应用数据挖掘和机器学习技术。此外，感知设备往往是计算能力有限的小型设备，不能处理收集的数据，数据全部上传到服务器又会消耗大量网络资源，这就需要边缘计算技术来解决问题。这些技术从数据角度出发，针对如何为用户提供有价值的信息。此外，还需要考虑如何通过专家系统和推荐系统的算法来为不同用户需求提供服务，辅助用户作出更合适的决策，为用户提供更个性化的信息。

任何技术的应用最终都要落实到具体的应用场景中，环境智能更是如此。建筑作为环境智能的理想载体，在不同的建筑空间中都展现出广泛的应用场景和需求。在医疗建筑空间中，不仅可以利用环境智能的传感器网络技术实现对患者的细致健康监控，还能开发创新的治疗和康复方法，构建智能医院，减轻医疗工作者的负担；在居住建筑空间中，AmI可以在异常检测、辅助生活和智能家居领域提供服务；在公共建筑空间中，建筑节能、设施管理以及智慧展馆的构建都是 AmI 展示其能力的领域。同时，人们在享受环境智能带来的便利的同时，也面临着安全性和隐私问题等一系列潜在的问题，深入探讨这些问题的本质、影响以及可能的解决方案，这也是需要我们积极关注的地方。

建筑环境智能作为一个较新的课题，它突破了传统的运维管理只关注"建筑物"本身的局限，从建筑运维阶段不同使用场景下用户的实际需求出发，提出对智能技术的需求。本教材主编为华中科技大学的周迎教授和东北大学的邓庆绪教授；副主编为东北大学汪力行副教授和华中科技大学刘晖副教授；其他参与编写人员还包括华中科技大学项星玮博士、王跃嵩博士和东北大学刘晨博士，主审为华中科技大学沈卫明教授和北京市建筑设计研究院有限公司郑琪教授级高工。具体分工如下：第 1、4 章：周迎；第 2、3 章：邓庆绪、汪力行、刘晨；第 5 章：周迎、王跃嵩；第 6 章：刘晖、项星玮。在此一并向为本书编写提供帮助的人们表示衷心的感谢。由于认知和水平有限，本书难免存在偏差，恳请广大读者批评指正。

目　　录

知识图谱

环境智能的概念
环境智能愿景
环境智能的发展 ── 技术上的发展 / 应用上的发展
环境智能的机遇与挑战
　环境智能的机遇 ── 提供新型应用、服务和产品 / 应用场景广 / 提供个性化服务 / 技术整合
　环境智能的挑战 ── 数据质量和可靠性 / 能源管理和可持续性 / 隐私和安全 / 成本和投资回报
环境智能的基本技术 ── 人工智能（AI） / 机器人技术 / 网络技术 / 人机交互（HCI） / 传感器技术 / 泛在及普适计算

建筑环境智能导论

建筑环境智能的概念
　建筑环境智能技术：建筑即智能终端
　建筑环境智能探究的问题 ── 建筑空间环境对人的健康、安全及舒适度的影响机理 / 基于场景理解的用户行为智能感知与模式识别 / 精准预测用户对环境参数的需求与智能控制
　建筑环境智能的目标 ── 舒适性提升 / 安全性增强 / 能源效率提高 / 可持续发展
　建筑环境智能与其他概念的区别与联系 ── 建筑环境智能与物联网的区别与联系 / 建筑环境智能与智能建筑的区别与联系
建筑环境智能的实现 ── 传感 / 推理 / 执行

1

导

论

本章要点

　　知识点 1. 环境智能的概念。

　　知识点 2. 环境智能的机遇与挑战。

　　知识点 3. 环境智能的基本技术。

　　知识点 4. 建筑环境智能的概念及实现。

学习目标

　　1. 了解环境智能和建筑环境智能的概念。

　　2. 熟悉环境智能的愿景、发展、机遇与挑战和基本技术。

　　3. 掌握建筑环境智能的目标及与其他概念的区别与联系。

　　4. 了解建筑环境智能的实现方式。

1.1 环境智能

1.1.1 环境智能的概念

随着电子信息技术和无线传感网络等技术的飞速发展，电子设备正向着小型化和智能化的趋势发展。不同的设备通过互联网与软件的协同工作，可以实现对环境和事件的智能感知，并作出相应的决策。这种发展趋势使电子设备逐渐融入人们的日常生活中，且其存在感越来越弱。逐渐地，具有计算能力的设备变得无处不在。通过集成可用资源的智能系统对这些设备进行协调，由此引入了环境智能（Ambient Intelligence，AmI）的概念：一个主动而智能地支持人们日常生活的数字环境。

在这种环境中，不仅能够感知周围的条件，还能够理解和适应个体的需求，以提供更智能、个性化的服务和支持。"环境智能"一词最初由 Eli Zelkha 及其在 Palo Alto Ventures 公司的团队在 20 世纪 90 年代末提出。随后，Bohn 等在 21 世纪初从社会、经济和伦理等方面深入探讨了环境智能这一重要议题。AmI 的许多特征可以追溯到普适计算（Ubiquitous Computing，UbiComp）的起源，该概念由计算机科学家马克·韦泽（Mark Weiser）于 1991 年在《科学美国人》杂志上提出。普适计算的目标是将计算技术无缝融入日常生活中的各种物体和环境，使其随时随地都能为人们提供智能服务，而无需人们显式地与计算设备进行交互。韦泽设想，计算设备将不再是显著的物理实体，而是融入我们周围的环境和物体中，变得随时可用且无处不在。这样的计算环境将在背后默默地支持和增强我们的日常活动，使计算能力成为我们生活的一部分，就像电力一样普遍而不可感知。UbiComp 的核心理念是通过传感器、嵌入式计算和通信技术，使计算能力贴近人们的日常生活，从而实现对环境和用户需求的智能感知和响应。这包括了各种智能设备、传感器网络、无线通信等技术，用于创造一个无缝融入人类日常活动的计算环境。AmI 作为一种新的计算范式，是在之前的计算范式（包括大型机计算、台式机计算、多重计算和普适计算）的基础上，经过技术演进而形成的。最初的研究主要集中在将 AmI 技术应用于大规模消费电子行业的变革中。如今，AmI 已广泛应用于信息、通信、工业和娱乐等多个行业，支持着各种用户友好型设备的不同场景，实现了无处不在的智能互联。如今，环境智能作为一个术语被广泛用于指代一个多学科交叉领域，涵盖教育、健康护理、娱乐、运动、交通、采矿、制造、建筑等。网络、传感器、人机交互、普适计算、人工智能等都与环境智能相关，但在概念上却不能完全涵盖 AmI。总体而言，环境智能综合了所有这些领域，为生活和工作在其中的人们提供智能服务。从初始的概念提出到如今的广泛应用，环境智能已成为一个推动科技创新和社会进步的关键领域。

1.1.2 环境智能愿景

环境智能不是一项具体的技术，更像是一个综合的愿景，一个描绘信息和通信技术将如何塑造未来的日常生活的愿景。

环境智能的基础在于将微型电子信息处理器、微型传感器和执行器网络集成到日常物品中，使其变得智能化。这种集成允许物理世界中的人和物以及环境交互，从而创造出一个智能环境。例如，智能医疗环境、智能社会和公共环境、智能建筑、智能交通系统以及智慧城市等。

根据 Bibri, S. E. 的观点，AmI 和 UbiComp 的愿景都是将微处理器和通信能力渗透到人类的日常生活环境中，实现计算资源和服务的无处不在和随时互联。然而，AmI 特别强调智能界面要对用户的需求敏感，对他们的愿望和意图具有适应性和前瞻性，并能对他们的情感作出反应。此后，飞利浦将 AmI 与 UbiComp 区分开，将其视为未来技术的愿景。他将 AmI 愿景描述为一种无缝的智能环境，能够预测和智能响应人们的需求和动机，并主动作出行动。

通过将智能整合到信息通信技术的应用、产品和服务中，AmI 推动了技术的进步，将计算机技术转变为日常生活的一部分，从而对社会产生了深远的影响。环境智能为我们的未来描绘了一个全面而深远的愿景，一个由计算机技术渗透人们日常生活环境的愿景：先进的传感和计算设备、多模式用户界面、智能软件代理、无线和自组网技术无处不在，它们遍及人类空间，却以不显眼或不可见的形式运作。这样的环境由无数异构、分布式、网络化和始终在线的设备组成，使得我们能够随时随地通过各种方式使用，与智能设备进行交互；这些设备同时也能与其他设备和人进行交互，激发无限的功能，包括感知人和事情的存在、对不同的需求和意图进行预测并产生反应，以及提供个性化的服务。这种全面的智能化环境正在改变着我们与科技互动、生活和工作的方式。

1.1.3 环境智能的发展

1991 年，PARC 的首席科学家 Mark Weiser（马克·韦泽）在《科学美国人》杂志上发表了一篇论文，详细讲述了计算的演变过程，并提出了一个计算机比以往更小、相互连接且无所不在的新时代，他称之为"无所不在的计算"。随后，1998 年 Eli Zelkha 及其团队提出了"环境智能"的概念，这一概念不仅与马克·韦泽的观点大部分相符，而且整合了无处不在的计算、用户界面设计和无处不在的通信技术，并包括工作和休闲活动。这一概念在整个 20 世纪 90 年代持续发展。

到了 2000 年，一个致力于探索环境智能可行性和可用性的设施开始规划建设，并于 2002 年正式开放。在信息社会和技术咨询小组（ISTAG）的建议下，欧盟委员会启动了第六个框架计划（FP6），用于推广信息、社会和技术（IST）计划中的 AmI 愿景，其预算高达 37 亿欧元。ISTAG 于 2001 年发布的第一份报告成为该领域的重要参考文献，确定了关于 AmI 的科学技术研究和社会政治议题。

2003 年，Emile Aarts 和 Stefano Marzano 合著的《新的每一天：环境智能的观点》（*The New Everyday：Views of Ambient Intelligence*）一书出版，书中汇聚了来自工程、设计、社会学、心理学、语言学、商业和计算机科学等领域的 100 位贡献者的观点，广泛探讨了基于经验的设计问题，例如将电子产品集成到服装和纺织品中，以及开发语音识别和上下游感知传感器等。这标志着对环境智能概念的深入研究，涵盖了多个领域的专业知识，为该领域的进一步发展奠定了基础。AmI 引起了研究机构、大学、技术实验室和社会其他利益相关者的极大兴趣，这一领域的研究得到了广泛推进。弗劳恩霍夫协会在多媒体、微系统设计和增强空间领域开展了多项活动。麻省理工学院成立了一个专注于环境智能的研究小组。从 2003 年起，美国、加拿大、西班牙、法国和荷兰等多个国家开始了更多的研究项目。自那时以来，已连续举办了欧洲环境智能研讨会（EUSAI）和其他多个会议，讨论 AmI 的特定主题。自 2010 年起，国际环境智能研讨会（ISAMI）也就此主题开始连续举办，至 2022 年已举办了 13 届，发表了众多相关研究论文。

在积极探索 AmI 愿景的技术实现时，人们也未忽视环境智能带来的挑战。2005 年，欧盟委员会推出了"环境智能世界中的安全保障"（Safeguards in a World of Ambient Intelligence，SWAMI）项目，并开发了一组黑暗场景来解释环境智能信息系统对于隐私、身份、安全等方面的挑战，说明了当智能程序出错时或身份数据被误用时可能发生的问题。2008 年金融危机之后，研究者们对于 AmI 愿景的认识发生了改变。2009 年，ISTAG 修订了欧洲的信息通信技术战略。同年，Aarts 和 Grotenhuis 推出了 AmI 2.0 版本，在保留嵌入性、普遍性和智能性的原始目标下，提出了"协同繁荣"（Synergetic Prosperity）的理念，认为技术不应再以消费模式为导向，而应促进新的经济生态系统的形成，让所有人都能繁荣发展。

表 1-1 对 AmI 的发展历史作了简单概括。

环境智能发展历史概述表　　　　　　　　　　　　　表 1-1

时间	人物或机构	描述
1991 年	Mark Weiser	描述了"无处不在的计算"的新时代
1998 年	Eli Zelkha 及其团队	首次提出"环境智能"这一概念
1999 年	Aarts 和 Appelo	"环境智能"概念首次出现在正式出版物上
1999 年	ISTAG	首次提出了 AmI 愿景
2000 年	飞利浦公司	计划建造一个致力于探索环境智能的可行性和可用性设施（HomeLab），并于 2002 年正式开放
2001 年	ISTAG	出版了《2010 年环境智能场景》
2003 年	Aarts 和 Marzano	出版了《新的每一天：环境智能的观点》
2003 年	EUAMI	举办第一届欧洲环境智能研讨会
2005 年	欧盟委员会	推出了 SWAMI
2009 年	ISTAG	修订欧洲的信息通信技术战略
2009 年	Aarts 和 Grotenhuis	推出 AmI 2.0
2010 年	ISAMI	举办第一届国际环境智能研讨会
2021 年	丁烈云及其团队	提出"建筑智能终端"

1.1.4 环境智能的机遇与挑战

环境智能（AmI）的发展最终目的应该是最大限度地服务于人类。在 AmI 的背景下，设计师应遵循以用户为中心（UCD）和以人为本（HCD）的理念。UCD 允许设计师与用户一起工作，通过深入理解用户的需求、目标、愿望和限制来进行设计。在 UCD 实践中，用户提供反馈，通过特定的用户评估和测试来改进交互式系统的设计，整个设计过程是迭代进行的，直到达到目标。HCD 设计考虑了人类用户的整体性，即人文价值观和对人类的奉献。以人为本的设计旨在通过引入新系统的行为来为问题和机会提供解决方案，其中设计活动由设计此类系统的人的需求、关注点和背景而驱动。

在设计 AmI 系统时，Jordi Vallverdú 提出了"Ambient Stupidity"的概念，指的是低效的设备和辅助技术工具或想法导致了低效、被窃听或偏颇的环境智能数据范式。AmI

是认知过程的一部分，涉及内部思想与外部智能系统之间的联系。外部智能系统可以通过语音或肢体指令捕捉这些思想，而有时这些认知过程指的是管理 AmI 系统的人工架构自身的过程。随着能够轻松捕捉脑电活动的技术的实施，以及各种机器人假肢的出现，人工智能将和人体本身更为密切相连。在这种情况下，AmI 应避免在信息处理、环境适应、隐私保护、法规遵守、个人与团体之间、情感体验、行为逻辑与语义等方面出现错误设计，从而导致 "Ambient Stupidity" 的发生。综合考虑 UCD 和 HCD 的原则，并避免 "Ambient Stupidity"，有助于确保环境智能系统更好地服务于人类，并在技术发展中取得可持续进步。

环境智能凭借先进的性能，提供了诸多有价值的新型应用、服务和产品，有望为消费者、公众以及商业和工业领域带来诸多益处。随着能够进行决策和通信的计算设备变得越来越便宜、小型、智能且易于使用，环境智能将在人们日常生活的各个领域发挥关键作用，包括教育、医疗卫生、智能家居环境中的辅助生活、老人护理、社区建设、公共服务、休闲娱乐、公民安全、危机和灾害管理、能源效率、城市效率、可持续发展等。

然而，随着计算机技术广泛融入日常生活，AmI 的潜在影响和后果却难以预测。尽管环境智能在生活中将扮演重要角色，但我们也不能忽视其潜在的负面影响。从技术和社会的角度看，未来的发展方向和技术演变的轨迹都无法准确预知。环境智能构建了一个极其复杂的生态系统，其中存在许多未解决的问题。或者说，AmI 涉及了太多方面，其中许多细节难以掌握和处理，有太多相互关联的要素需要解决，同时也引起了广泛的争议。因此，解决和克服 AmI 发展中涉及的技术、环境和社会挑战，对于引导这一技术朝着降低风险的方向发展至关重要。在环境智能部署和实施之前，必须克服它所面临的挑战和瓶颈，以充分发挥其在提高人们生活质量方面的潜力。

1.1.5 环境智能的基本技术

在环境智能领域，一系列技术的协同工作是至关重要的。这些技术包括通过网络连接的传感器和执行器，它们与中央或分布式的强大计算系统共同工作，以增强数据的分析和决策能力。支持环境智能的主要技术如图 1-1 所示。

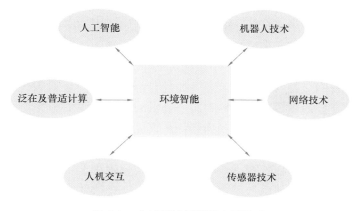

图 1-1　支持环境智能的主要技术

（1）人工智能（AI）：人工智能是环境智能的核心，利用机器学习、深度学习和其他算法分析数据，作出智能决策，适应用户需求，实现个性化的服务。AI 技术可以优化决策过程，提升系统的自动化水平和效率。

（2）机器人技术：机器人在环境智能中扮演着重要的角色，它们可以执行从物理劳动到信息处理等各种任务。结合人工智能，机器人技术不仅增加了环境中的智能代理，还能实现更复杂的操作和交互。

（3）网络技术：网络技术是连接传感器、执行器和其他智能设备的桥梁，允许它们相互通信，实现实时数据传输和协同工作。网络技术的进步提高了通信效率，增强了设备间的互操作性。

（4）人机交互（HCI）：有效的人机交互是实现环境智能的关键。通过直观的界面、语音识别、手势控制等方式，HCI 使用户能够轻松地与智能系统沟通和互动，增强了用户体验和系统的可用性。

（5）传感器技术：传感器是环境智能系统的"感知器官"，通过收集环境数据，如温度、湿度、光照等，为系统提供必要的实时信息，支持智能决策和环境适应。

（6）泛在及普适计算：泛在计算和普适计算强调计算能力的无处不在和日常生活的融合。这两者的结合使得计算能力能随时随地支持环境智能，实现无缝的数字和现实世界的交互。

这些技术的融合不仅促进了环境智能的应用发展，也不断推动这些技术自身的进步，以满足对环境智能日益增长的需求。通过不断的创新和集成，环境智能系统能够更全面地服务于人类，提高生活质量和工作效率。

1.2　建筑环境智能

1.2.1　建筑环境智能的概念

建筑环境智能（AmI in Architecture）构想是将环境智能的技术应用于建筑领域，以创造出更智能、更互动、更可持续的生活和工作空间。作为实现 AmI 未来愿景的理想载体，智能建筑利用人工智能算法、传感器和其他智能设备，实现对建筑环境的智能管理和优化。这种智能化不仅局限于自动化的基本功能，例如照明、加热或制冷，而且扩展到更复杂的系统，如能源管理、安全监控和室内环境质量控制。通过智能感知，建筑能够收集和分析有关其使用情况和外部环境条件的数据，从而进行自我调整以优化能源使用和提升居住者的舒适度。智能交互则涉及建筑环境如何与居住者以及建筑管理者进行有效沟通。例如，通过语音命令控制系统或通过移动应用提供的界面来调整室温或照明。此外，智能服务可以是从远程监控建筑健康状态到为居住者提供定制化的环境设置。

建筑环境智能的核心在于其能够实现高度的个性化服务和操作效率，同时保证安全性和能源效率。这不仅提高了居住和工作空间的质量，也推动了建筑行业朝着更绿色、更智能的未来发展。因此，对"建筑环境智能"的研究正在逐渐成为智能建筑领域内不可或缺的一环，随着技术的进步，其应用范围和深度将持续扩展。

1. 建筑环境智能技术：建筑即智能终端

随着智能手机和智能汽车成为日常生活中的普遍设备，建筑也开始被视为改变人们日常生活的下一个智能终端。2021 年，丁烈云院士定义了"建筑智能终端"这一概念，认为其是利用环境智能技术构建的可控制的智能空间，是传感器创建的物理空间与智能算法构建的信息空间的融合。这种定义揭示了建筑的转变，从传统的被动结构到一个活跃参与日常生活互动的智能平台。其中，物理空间和信息空间的融合通过在建筑中嵌入各种传感器、计算设备和人工智能算法来实现。

不同的建筑类型对环境智能的需求各不相同。例如，在居住建筑中，目标是创造一种便捷舒适的居住体验，而在医疗建筑中，重点则放在提供及时有效的诊疗和照护上。通过将建筑转化为智能终端，建筑环境智能技术能够在不同场景下提供定制化的智能服务，以适应特定的环境需求和用户期望。

这种技术的发展不仅使建筑本身成为一个智能的、互动的终端，而且通过将智能感知、交互和服务集成到建筑环境中，极大地丰富了居住和工作空间的功能性。用户可以通过直观的人机交互界面与建筑进行互动，而传感器和 AI 算法共同作用，不仅可以感知用户的物理状态和行为，还能理解用户的需求，从而提供个性化的服务。

（1）物理空间。建筑智能终端中的物理空间包含建筑本体和分布于其中的智能感知传感器。这些传感器通过物联网技术连接成一个广泛的网络，能够主动收集用户的生理和活动数据。例如，通过视频、毫米波雷达等非接触式传感器，系统可以实时监测用户的心率、血糖、血氧和血压等生理指标，以及用户对智能设备的操作行为（如开关和设定调整）。此外，系统还可以根据预设的指令或算法自动调节室内温湿度、灯光和电器使用等，以优化环境条件。建筑的用途决定了其设计重点，如居住建筑注重舒适便捷，医疗建筑注重治疗和康复的空间需求。

（2）信息空间。在信息空间中，通过传感器网络收集的各种数据（包括用户的生理数据、活动数据、视频数据以及建筑运行数据）被传输、分析和应用。信息空间的功能是使建筑智能终端能够敏感地捕捉到用户的身份和行为差异。例如，在医疗建筑中，系统需对患者提供详细的康复指导，而对医护人员则需提供患者的全面健康监控。通过分析用户的当前行为、所处的物理环境和历史行为习惯，智能终端能够精确理解用户的即时需求，并提供相应服务。

这些智能技术的应用基于以下几个核心原则：

（1）嵌入式设计：传感器和计算设备被嵌入建筑环境中，让技术对用户尽可能不可见，增加使用的自然感和便捷性。

（2）上下文理解：智能终端能够识别并理解用户的身份及其所处的建筑空间和情景上下文，从而提供更为精准的服务。

（3）自适应能力：系统根据用户的身体或精神状态的变化及生活习惯的变动，自动调整环境设置以最大限度地适应用户需求。

（4）透明交互：智能终端在不要求用户采取额外行动的情况下满足需求，通过被动方式响应用户需求，无需用户主动操作或感知到系统的存在。

2. 建筑环境智能探究的问题

建筑环境智能探索的科技问题涉及多个层面，尽管它们的分类可能不同，但核心问题通常围绕如何利用技术提升建筑空间的健康性、安全性和舒适度。主要有以下几点：

（1）建筑空间环境对人的健康、安全及舒适度的影响机理：建筑空间包括尺度、布局、色调、设施等建筑空间因素及光照、温度、噪声、空气品质等物理环境因素。不同的环境因素可能通过主观情绪、生理反应等多层次对人产生影响。例如，温度对人体的舒适度和健康有着重要影响，过高或过低的温度都可能导致不适，甚至引发疾病。

（2）基于场景理解的用户行为智能感知与模式识别：在尊重和保护用户隐私的前提下，利用视觉跟踪、人体姿势估计、人与物体的交互模型等技术，构建深度学习算法，对用户在不同场景的时间序列行为进行模式识别。这包括用户行为感知、用户行为模式识别和场景理解，以便于让建筑环境能够更精确地响应用户的活动和需求。

（3）精准预测用户对环境参数的需求与智能控制：通过分析收集的用户的行为数据和环境参数数据，利用机器学习和数据挖掘等技术，建立预测模型来预测用户对环境参数的需求。利用智能控制系统自动调节建筑环境参数，如温度、湿度、光照等，从而为用户提供主动的健康支持和满足具体需求的智能空间。

3. 建筑环境智能的目标

建筑环境智能的目标是通过应用智能技术和智能化设备，使建筑环境具备感知、理解、决策和自适应的能力，以提供更加舒适、安全、高效和可持续的建筑环境。具体来说，建筑环境智能的目标包括但不限于以下几个方面：

（1）舒适性提升：通过智能化的温度、湿度、光照、空气质量等感知和控制系统，实现建筑内部环境的用户舒适性的提升。

（2）安全性增强：通过智能化的安防系统，实现对建筑内外环境的监测和预警，提供实时的安全保障，防范火灾、盗窃等安全风险。

（3）能源效率提高：通过智能化的能源管理系统，实现对建筑能源的监测、分析和优化，以降低能源消耗，提高能源利用效率。

（4）可持续发展：通过智能化的建筑管理系统，实现对建筑设备的智能控制和优化，延长设备寿命，减少资源消耗，实现建筑的可持续发展。

4. 建筑环境智能与其他概念的区别和联系

建筑环境智能相较于传统的建筑环境控制系统具有更高级的智能化程度。传统控制系统主要依赖于预设规则和固定的控制策略，而建筑环境智能能够根据实时的环境数据和用户需求，自主地进行感知、分析和决策，实现更智能化的环境控制。这使得建筑环境智能能够更灵活地适应不同条件和需求，提升用户体验。

（1）与物联网的区别和联系

建筑环境智能与物联网技术紧密相关但有所区别。物联网通过互联网连接各种物理设备，实现设备间的信息交互和协同工作。物联网可以被视为一个巨大的网络，由设备和计算机的子网组成，这些子网通过一系列中间技术连接起来，其中许多技术可以作为这种连接的推动者，建筑环境智能和物联网的相关技术有多种排列组合，从而产生了许多异构组件（有源和无源 RFID 及其读取器、智能设备、传感器、执行器、电源等）。建筑环境智能通过物联网技术实现对建筑环境中各种设备的连接和数据交互，实现智能化管理和控制。这两者在技术侧重点和应用范围上有所不同。物联网更注重设备之间的互联和数据交互，而建筑环境智能更注重建筑环境中的感知、分析和决策技术。在应用范围上，建筑环境智能关注建筑环境中的智能化技术应用，如能源管理、安全监控、智能控制等，而物联网则涵盖了更广泛的领域。可以说，物联网为建筑环境智能提供了技术支持和数据来源，而建筑环境智能则是物联网在建筑环境中的具体应用。

（2）与智能建筑的区别和联系

建筑环境智能与智能建筑在概念和目标上存在高度一致性。它们的最终目标都是通过智能技术提升建筑本身的智能化运行和管理。然而，在实现和应用范围上存在一定的区别。智能建筑主要针对的是实现建筑物的智能化控制，通过技术手段优化建筑物的运行，如自动调节能源使用，以降低成本和提高能效；而建筑环境智能更加看重服务于用户的需求。这使得在技术应用方面，智能建筑的用户交互可能相对有限，更多侧重于整体效率和管理。智能建筑通常涉及建筑自动化系统（BAS），如 HVAC（供暖、通风及空调）系统、照明控制系统等。这些系统通过中央控制进行优化，以实现更高的能效和操作效率。而建筑环境智能则强调与用户的实时互动，支持更复杂的用户输入和反馈机制，需要利用更广泛的传感器网络和数据分析技术，收集细致的用户数据和环境数据。通过应用机器学习和人工智能算法，AmI 不仅响应环境变化，还能预测和适应用户的未来需求，从而实现更加动态和个性化的环境调整。

1.2.2　建筑环境智能的实现

实现建筑环境智能（AmI）是一个复杂的过程，涉及从传感技术到智能决策的多个步骤。这一过程不仅需要高级的技术集成，还要确保用户交互的自然性和便捷性。传感、推理和执行是实现建筑环境智能的三个关键阶段，其关键技术包括传感器网络、计算机视觉感知技术和上下文理解。

在 AmI 的普适计算中，传感器的感知能力至关重要，传感器网络采集的数据成为推理的基础信息，为上下文理解和环境控制作准备。传感器网络采集的信息包括声音、光线、温湿度、辐射、位置等环境信息，以及对环境中事物状态的检测。这些传感器包括摄像头、深度相机、麦克风、雷达、红外热像仪、RFID 标签等，用于实现动作识别、智能交互、目标检测、灾害预警、人员定位、健康监控等功能。然而，需要仔细考虑传感器在环境中的布置，以防引起用户的不适和抗拒，特别是涉及隐私保护方面。

基于计算机视觉的感知技术是 AmI 识别用户状态并理解用户需求的关键研究内容，是实现建筑环境智能传感阶段的关键。数据采集和传输是物联网的范畴，而 AmI 与之不同之处在于数据推理。AmI 通过推理技术实现场景感知、个性化推荐、环境自适应和需求分析等功能。推理技术的关键形式包括建模、活动预测与识别、决策制定以及时空推理等。目前，深度学习因其高精度的检测而广泛应用于 AmI 的推理阶段和上下文理解。

执行阶段是根据 AmI 推理结果选择的操作，具有主动性。例如，在医疗建筑空间中，通过分析患者生理信号和情绪检测，调节光线和音乐来影响患者情绪。在居住建筑空间中，对老人进行跌倒检测，及时发出警报，以减少伤害。

建筑环境智能的发展和实施是信息技术和人工智能进步在建筑领域的直接体现，它将不断推动我们的居住和工作环境向更智能、更互动的方向发展。

本章小结

本章主要介绍了环境智能及从环境智能衍生而来的建筑环境智能。本章第 1 节从环境智能是"一个主动而且智能支持人们日常生活的数字环境"这一概念出发，描述 AmI 将提供一个由计算机技术渗透人们日常生活环境的愿景，并介绍了近 30 年来环境智能的发展历程，提到了在未来 AmI 发展过程中应综合考虑 UCD 和 HCD 的原则，并避免"Ambient Stupidity"的发生，并且在环境智能部署和实施之前，必须克服它所面临的挑战和瓶颈，随后，对环境智能的主要技术进行了说明。本章第 2 节以建筑是未来智能愿景的理想的载体为出发点，介绍建筑智能终端的含义及所包含的物理、信息两大空间，对建筑环境智能所探究的科学问题进行了说明，提出了建筑环境智能的目标包括但不限于舒适性提升、安全性增强、能源效率提高和可持续发展，随后阐述了建筑环境智能与物联网和智能建筑的区别和联系，最后对建筑环境智能从传感、推理和执行三个阶段进行说明，但成本、隐私、社会伦理等问题仍然是需要进一步解决的挑战。

思考题

1. 简述环境智能的愿景。
2. 概述建筑环境智能并分析其如何实现。

思考题参考答案

知识图谱

建筑环境智能的
基础设施与技术

建筑环境智能系统总体技术要求

建筑环境智能的系统框架设计

群智能建筑环境系统

传感器节点

传感器融合

短距离无线传感网络通信技术

长距离无线传感网络通信技术

网络拓扑结构

室内定位技术

室内定位方法

Wi-Fi位置指纹定位

图像处理与分析

特征提取与描述

目标检测与跟踪

本章要点

知识点1. 建筑环境智能系统整体框架与核心技术。

知识点2. 无线传感网络中的长短距离通信技术。

知识点3. 室内定位技术与方法。

知识点4. 实现视频识别与追踪的主要算法。

学习目标

1. 了解建筑环境智能系统整体框架并熟悉各层框架中的核心技术。

2. 掌握无线传感网络中的长短距离通信技术。

3. 了解常用的室内定位技术并掌握室内定位技术中的主要计算方法。

4. 了解视频识别与追踪中的几种主要算法。

2

建
筑
环
境
智
能
的
基
础
设
施
与
技
术

2.1 建筑环境智能系统的设计

2.1.1 概述

建筑环境智能系统主要需要实现数据采集、传输、控制三大功能。数据采集功能主要指对建筑物内部以及外部环境状态的感知，其类型包括温度、湿度、风量等传感器的数值；传输功能主要由有线和无线两种方式实现，有线的通信距离较远，可采用双绞线传输，无线传输则不受布线的限制，但建筑物墙体会对通信造成一定的影响；控制功能主要有集中控制和分散控制两种。集中控制就是通过楼宇自控系统集中控制各设备的运行。分散控制就是用楼宇自控系统分散管理各设备，实现对建筑环境质量的自动监测与分析管理的方法。建筑环境智能化系统在设计时还应充分考虑环境质量与建筑能耗之间的关系，利用各种传感技术及时监测和显示建筑室内空气、水及能耗等参数，使建筑物内的所有环境设施达到最优状态，从而保证建筑物内人员工作舒适安全、经济高效。

建筑环境智能化系统总体技术要求需要包括以下几个方面：

（1）先进性：建筑环境智能化系统是将计算机技术、自动控制技术、通信和网络技术与建筑环境控制系统相结合，实现对室内环境参数及设备运行状态的监测、统计、分析及优化控制，并通过自动传输装置，实现各系统间的协调监控与运行管理的智能化系统。先进性是该系统的一个重要特点。

（2）完整性：系统功能完整是实现建筑智能化不可或缺的前提条件，即系统在正常使用状态下应具有良好的技术性能和运行状态。

（3）可靠性：系统应具有较强的抗干扰能力，适应于建筑环境的特殊要求，保证在恶劣条件下可靠运行，保证系统能够在今后的升级中继续发挥作用。

（4）开放性：系统应具备与其他网络设备进行通信的能力，需提供接口，实现系统的远程升级，以保证整个智能化系统可被有效管理。

（5）兼容性：系统应支持将环境参数和设备状态与建筑物内其他子系统共享，保证其信息的安全和稳定传输。同时，环境智能系统应与其他建筑管理系统，如消防自动化系统、安防监控系统、楼宇自控（BA）控制系统、办公自动化（OA）系统等相兼容。

（6）扩展性：系统应具有可扩展性，能根据用户需求和实际情况，进行升级和改造。

（7）实时性：整个系统运行所需要的环境数据和管理所需的数据应能够进行实时传输，可帮助系统及时发现问题和异常状况。

2.1.2 系统框架设计

前文讲述到建筑环境智能系统主要需要实现数据采集、传输、控制三大功能，其系统框架设计也与这三大功能相对应，自下向上分为感知层、传输层以及控制层。具体架构如图 2-1 所示。其中，感知层主要是对数据进行采集和简单的处理，有些研究者把它称作"感知扩展"，它是整个系统的基础，相当于人体的眼耳口舌鼻等感知器官，用其来衡量外界环境的情况与变化；传输层负责各种类型的网络访问，这一层在建筑物原有的因特网、电信网、电视网基础上，也需提供 5G/4G、Mesh 网络、Wi-Fi、有线、卫星等多种访问模式以实现长途跋涉的信息传递；控制层是整个系统的核心，相当于人体的大脑，其对下

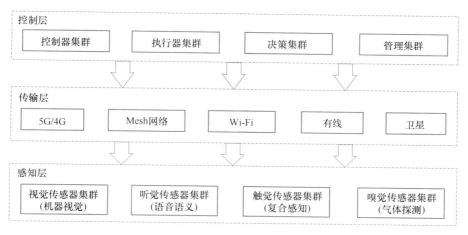

图 2-1　建筑环境智能系统三层框架设计

要求可以识别传输网络中的信息，从而实现对信息的自适应性传播，实现对数据的表达与处理，最终达到语义互操作和信息共享的目的，面向用户其需要提供一个通用的界面以供用户对信息的检索查询以及对设备的控制。随着人工智能、云计算等技术的发展，该层通常提供统一的接口与虚拟化支撑，虚拟化包括计算虚拟化和存储虚拟化等内容，以更好地挖掘数据、智能控制以及业务呈现。

除了三层框架设计，建筑环境智能系统的框架结构可以更细化地分为 5 层。如图 2-2

图 2-2　建筑环境智能系统五层框架设计

所示，从下至上，分别是终端设备层、智能感知层、网络通信层、AI云脑控制层和应用场景层。其中，终端设备层位于架构的最底部，是智能建筑"智能化"的最后载体，该层包含多种具体功能的智能终端；智能感知层包括各种智能化的智能设备，如智能建筑中具有通信能力的各类智能感应器、控制器等，该层能够对信息进行初始的处理，对应用场景级的基础数据进行分析；网络通信层是指在智能建筑中建立的各类网络化、集成的配线等，它承担着从感知层面获得信息和数据通信的任务；AI云脑控制层就像是智能控制决策的基础，它是通过智能单元、智能算法和资讯技术来实现对每一个子系统的实时数据和消息的挖掘、计算、分析、统计、分类等，最终实现自主控制、自主学习、智能决策、自组织协同、自寻优进化、个性化定制等功能；应用场景层是指针对不同的使用者需求而构建一个针对特定使用者的模块体系的综合平台。

总体来说，无论是三层架构还是五层架构，在建筑环境智能系统架构设计中，主要有以下几点需求是要着重考虑的：

1. 存储和计算能力的边缘化

在智能建筑中，底层智能设备将产生大量环境数据，对于数据量的增加和处理能力提升的要求，存储和计算能力将被边缘化。其中一些可通过边缘设备（如智能传感器、小型服务器）进行处理，并在网络边缘（如路由器）进行远程通信与控制，使物体具有存储、处理能力。

2. 信息互通

智能建筑通常存在多种硬件设备、子系统等，而已有多种网络的操作平台、信息结构、文档格式等都存在异构特征，建筑内的设备、传感器网络、楼宇自动化系统与信息服务平台（如互联网）之间的通信标准也不同于标准的传统通信方式。而且这些异构特征都会在未来几年内持续发展。因此，信息互通是系统架构设计中需要着重考虑的一个因素。

3. 局部物体间协同工作

在建筑环境智能系统中，局部物体间的协同工作是非常重要的。由于各种建筑物具有不同的结构特点及性能指标，使其内部各部分之间在物理上相互隔离和独立，相互之间无法直接沟通和交流。所以各部分之间缺乏信息共享和资源互换。同时，智能建筑内不同的部分，如楼宇自动化系统、通信系统等之间存在着密切联系，它们的协同工作对建筑的正常运行起着重要作用。

通过将整个建筑看作一个整体，将其中各部分独立地作为一个单独单元来处理其各种状态，利用这种方式可以消除各个部分之间的不协调因素；同时由于各个物体之间存在着直接或间接的联系和相互作用，可使环境的整体状态在时间上发生动态变化。

通过将整体环境信息进行数字化编码并通过网络传送给不同子系统，利用网络中各子系统间的信息交换和资源共享来实现局部物体间的协同工作。由于计算机内部网络系统具有数据传递速度快、数据量大及可扩充性强等特点，从而可以为多个局部物体间协同工作提供必要保证。

4. 物体间断性通信连接

建筑环境智能系统中的底层硬件通常是一些由电池供应能量、资源受限的小型物联网设备。持续性的连接会对这一类设备的使用寿命带来巨大挑战。因此建筑环境智能系统的连接通常是通过物体间断性通信连接进行的。系统使用物体断续性通信连接对所有设备进行监测，同时对所收集到的信息进行分析处理并通过网络传输。

5. 分布式的缓存和信息融合

数据的收集和管理是建筑环境智能系统架构的重要组成部分。为了确保所有信息都可以被缓存并用于下一次访问，建筑环境智能系统架构必须支持分布式缓存和融合，以确保其可靠性、可用性和可扩展性。

建筑环境智能系统架构中的缓存机制由三个主要部分组成：一是分布式缓存，它将各种不同的传感器收集到的数据存储在不同层次的数据中心；二是智能信息融合，它将来自不同层次信息进行汇总，然后在同一层次上进行信息整合；三是动态资源分配和动态负载均衡，它在发生负载变化时将需要进行其他操作，如数据传输或资源分配。

通过以上三个方面对建筑环境智能系统架构中的功能进行了分析，从而确保了建筑环境智能系统架构能够满足用户日益增长的需求。

6. 支持物体的移动和环境变化

对于建筑环境智能系统，常常涉及物体的移动与环境的变化，这也是系统框架设计中需要考虑的因素。对于物体的移动，带来信息的移动以及上下文的不断变化，通信方面也常常伴随着无线链路动态变化，而环境智能系统又要求网络可以进行实时的数据传输，同时也可以对数据进行实时存储，这些都是需要解决的问题；对于环境变化，则要求传感器设备具有较强的抗干扰性。

2.1.3 建筑环境智能系统中的核心技术

建筑环境智能系统是多门学科交叉综合的一项重要技术，除建筑相关领域外，其各个层面还涉及电子、物联网、通信等多个领域的相关技术。第 2 章与第 3 章中的各小节介绍了其中广泛应用的几个关键技术。其中第 2 章侧重感知层与传输层部分，分别介绍了无线传感网络、视频识别与追踪以及室内定位技术；第 3 章则侧重在上层控制层方面，着重介绍一些智能决策与控制的算法等。因此本节主要对各层的核心技术归纳总结。

1. 感知层

感知层的关键技术是传感器技术。作为一个建筑环境智能系统，对环境的感知是其最核心的功能，而传感器技术则是实现其感知功能的关键设备。大量传感器的部署还会伴随着它们各自通信以及组网结构的问题。在本书第 2.3 节中，我们将对几种建筑中常用的传感器以及传感器的组网方式与几种典型的网络结构加以介绍。

除了感知功能以外，在感知层要实现的另一项重要功能就是对物品、设备以及人员进行识别。现阶段的技术中，主要有两种常用的识别技术，一种是视频识别技术；另一种是射频识别技术，也称为 RFID 技术。与 RFID 技术相比，视频识别不需要为识别物品或人员额外配置硬件，但这种技术却无法识别出相似物品，识别效率也没有 RFID 技术高，这两项技术可以互为补充结合用于建筑环境智能系统中。其中，视频识别技术将在后面第 2.4 节中给予详细的介绍，RFID 技术在第 2.3 节中有所提及。

2. 传输层

传输层主要起到了连接感知层与控制层，传递数据的作用。对于信息的传输，主要可以分为有线与无线两种方式。这里主要对几种常见的传输协议与特点进行了归纳总结，参见表 2-1。但电子通信领域近年来发展十分迅速，尤其在短距离无线传输方面，近年来不断有新的协议推出。由于在法规层面上还没有统一的认知，对于子系统中不同通信协议如何协同工作也是建筑环境智能系统中一个亟需考虑解决的问题。

建筑环境智能系统中常用组网协议   表 2-1

连接方式	通信距离	协议名称	传输速度	特点
有线	受制于实体电缆长度	光纤	10～100Gbit/s	三网融合
		电话线	1Mb/s	
		电源线	14Mbit/s	
无线	30km	3G、4G、5G		高功耗
	1000m	Zig-bee	20～250kbit/s	10～1000m
	100m	IEEE 802.11（Wi-Fi）	11～54Mbit/s	
		Insteon	3～39kbit/s	
		z-wave	9.6～40kbit/s	
	10m	UWB（Ultra wideband）	1Gbit/s	
		Bluetooth	1Mbit/s	
		Infrared（IrDA）	16Mbit/s	
	1m	Electromagnetic induction		
		NFC		

3. 控制层

在智能控制层，人工智能、深度学习等多项技术都可应用其中，第 3 章主要介绍了一些在这方面应用的主要技术。对于建筑环境智能系统来说，在控制层，最基本的是需要包含一个建筑自动化系统，通常也称为建筑设备自动化系统，也就是 BAS（Building Automation System）系统。该系统一般包括建筑物设备运行管理系统，火灾报警与消防联动控制系统，给水排水控制系统，热交换和空调控制系统，闭路监视系统，蓄水池（含消防水池）、污水池的水位高低监测，变配电设备状态显示、控制、查询、故障报警，电梯运行状态显示、控制、查询、故障报警及停电时的紧急处理以及公共安全技术防范等内容。高度智能化的智能建筑一般是 BAS，所以其作为智能建筑的关键核心部件的作用就不言而喻了。除了设备自动化的系统，办公系统也是建筑环境智能系统中另一个重要组成部分，其一般分为事物型、管理型以及决策型的系统。如何将不同系统整合应用也是其中的重要课题。

2.1.4 群智能建筑

随着人们对控制智能化要求的提高，以及感知设备的大量部署，中央式的计算架构无法很好地处理海量数据，也很难提高设备控制的智能度，因此，有学者提出了"群智能建筑"的概念，即仿照昆虫群落的工作机制，以空间和源设备为基本单元，由智能化的基本单元按照空间位置关系连接成网状拓扑形成一个分布式的计算系统，从而更好地对大量数据进行智能处理。该想法与现阶段智能计算发展趋势相符，体现了未来建筑环境智能系统的发展方向，本小节选择该系统作为案例简要介绍。

以往人们常把传感器、执行器和控制器看作建筑智能系统的一个组成部分。然而，这些部件并非建筑的一部分，受其所限，以其为基础构成的建筑物控制系统无法跨越对建筑系统定义的界定。该系统期望所定义的基本单元能最大限度地体现建筑物和机械设备的特性，同时又不会失去普遍性，这样就可以把建筑物和它的设备系统完全连接起来，遇到其他工程设计时，只需要改变它们的组合方法，就可以为不同的工程提供一个建筑智能系统。

图 2-3 是根据位置关系将基础单元拼接起来的建筑物控制系统（沈启，2015）。从图中可以看出，该建筑物的控制系统是由几种不同的空间单位和源设备组成。空间是建筑结构的基础。相应的空间控制子系统又可以被视为一个基础的系统，也就是一个空间单元。该空间单元实现了对室内各种机电系统的一体化控制，包括空调末端、排风、照明、插座、门禁、电动窗、窗帘、火灾探测器等。这些单元按照各自的位置排列，覆盖了大部分的建筑面积，也就是涵盖了大部分建筑机电设备的控制管理需求。空间单元是标准化的，可以在不同的建筑中进行复制。这是该系统设计时的核心思想，系统平台如图 2-4 所示，具体设计分为硬件设备、组网、并行分布式操作系统和应用程序四部分。

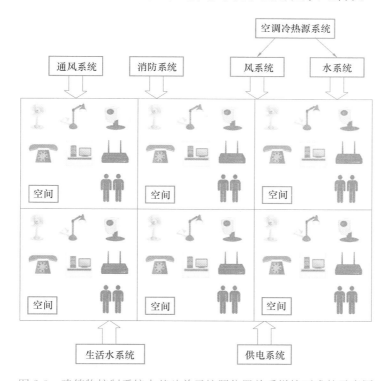

图 2-3　建筑物控制系统由基础单元按照位置关系拼接而成的示意图

1. 硬件设备

计算节点（Computing Processing Node，CPN）是集中式智能楼宇自动化系统的核心部件，也就是组成并行计算网络结构的一个硬件节点。CPN 被嵌入不同的建筑空间或者源装置中，使它们能够成为智能基本单元。

所谓的智能主要包括：①对基本单元环境的数据采集、安全保护、控制调节、故障诊断、报警、能耗测量等。②具有自动识别和组网功能。作为相应基本单元的"代理"，它一方面可以使其他计算节点根据标准信息集查找本地环境和装置的运行参数，并能向装置下达设置命令；另一方面，它可以识别和区分所在网络中的相邻节点，从而实现对本地网

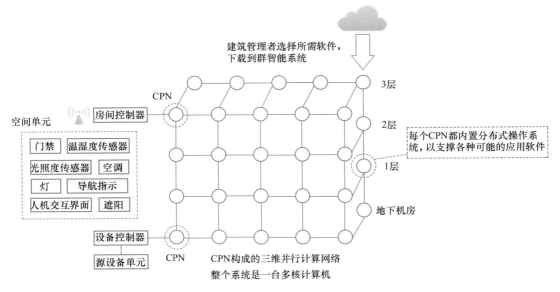

建筑管理者选择所需软件，
下载到群智能系统

图 2-4　基于 CPN 的群智能建筑自动化系统

络的识别。③能够与相邻节点进行协同运算，从而能够支持多种可能的全局控制策略。

　　CPN 的主要作用是实现上面的第 2、3 个功能。对于第 1 个功能，CPN 为源装置的本地控制器提供了一个通信接口，使得它可以根据标准数据集来获得装置的工作状况，并且可以给装置下达操作命令或更改设定值；而底层的安全防护、本地调节等功能，则是由装置的本地控制器来实现的。当然，CPN 能够获得设备的实时工作状态，并且能够向设备下达命令，即使没有本地控制器，也可以通过 CPN 的运算能力来实现基础单元的部分控制和管理。

　　图 2-5 显示了 CPN 的结构示意图，如图所示，CPN 具有两组接口。

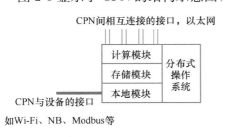

图 2-5　CPN 结构示意图

　　（1）CPN 间的接口：为了确保邻近的 CPN 相互协同工作，需要使用高速可靠的通信技术使 CPN 进行高频迭代运算。CPN 无需使用绝对通信地址。由于空间有上、下、左、右、前、后 6 个相对位置，每一个 CPN 都有 6 个不同的接口，以区别相邻的不同 CPN。

　　（2）CPN 与源装置的本地控制器、传感器、执行器的接口：CPN 还为不同的装置和传感器提供了几个标准的通信协议，用来与各种设备或传感器连接。第一组接口确保 CPN 之间的连接可以形成一个由三维网络组成的计算网络。如果说整个计算网络是一台多核计算机，那么这一组接口就相当于一条计算总线。第二组接口确保建筑中各种实际的设备的连接。第二个接口可以看作一个计算机网络的外部接口，它是开放的、使用通用的标准通信技术，能够适应特定的需要和技术的发展。

　　2. 组网

　　从根本上说，组网就是在不同的自动化系统软件上建立了建筑的信息模型，并利用信息技术对建筑物和电气设备进行了再定义。这包括：确定与建筑环境、电气设备运行参数相关的变量；将变量与实际的传感器、执行器等实体装置的参数进行匹配；说明参数与装置或空间的从属关系，以及它们的空间位置；描述了空间或装置间的拓扑联系，也就是机电设备的系统架构等。在不改变建筑空间和源设备的前提下，这些内容基本上保持不变，不依赖于灵活的控制和管理策略，是整个建筑智能系统的基础。该系统将相应基本单元的标准数据集嵌入 CPN 中，并利用 CPN 对相邻节点进行自动识别完成上述组网配置工作，实现对建筑环境智能系统的自动识别。

3. 并行分布式操作系统

从根本上说，不同的控制逻辑和管理策略都是一系列的运算。若以上所述的由 CPN 所组成的网络能精确、可靠地实现各种数学运算，则 CPN 网络可以实现由数学运算排列组合形成的多个运算任务，支持各种可能的控制和管理功能。但 CPN 计算网络的特点是：①不能让任何一个节点了解全局的情况，CPN 只能和邻近的节点进行交互；②所有 CPN 必须具有几乎相同的运算机制，地位平等；③运算机制需要具有普遍性，能够自适应不同的 CPN 网络拓扑和网络规模，不依赖于网络结构。在以上情况下，还需要计算总是能够收敛，并能获得准确的结果或接近最优解。

4. 应用程序

分布式操作系统所提供的应用程序接口（API）是开放的，所以每个人都能按照自己的需求来编辑这些应用程序。传统的中心站必须同时具备两种功能，即全局最优控制与人机交互。但是，全局最优的控制，需要很高的实时性，而在人机对话中，它的实时性要求很低。在传统的系统中，系统的所有数据集中到中央处理系统，这样既可以方便使用者查询系统的总体运行情况，又可以确保全局控制的实时性，这对系统的时延、中心站的处理能力都有很高的要求。该群智能建筑环境系统将上述两项功能进行了解耦：利用 CPN 计算机网络实现对实时性有要求的优化控制及数据诊断，同时利用 PC 及移动终端成熟的解决方案来实现人机交互。因为 CPN 网络相当于一种并行的计算系统，而且每个 CPN 都具有 Wi-Fi 等外部接口，所以可以通过 PC 或者手机接入外部接口来访问该群智能建筑环境系统，触发系统中的数据查询与统计，获得建筑整体的运行数据和统计报表，从而实现人机互动。这样可以充分利用现有研究成果，提高人机互动的使用体验。

2.2 传感器网络

2.2.1 概述

传感器网络是由部署在监测区域内的大量微型传感器节点组成，通常采用无线通信的方式，形成的一个多跳自组织网络系统，能够通过集成化的微型传感器，协同地实时监测、感知、采集和处理网络覆盖区域中各种感知对象的信息，并对信息资料进行处理，再通过无线通信方式发送，并以自组多跳网络方式传送给信息用户，以此实现数据收集、目标跟踪以及报警监控等各种功能。

传感器网络的主要特点包括节点数量多且分布密集、通信距离短、自组织网络、动态性网络、电源能量有限以及数据融合能力强。这些特点使得无线传感网络在环境监测、智能家居、城市交通等多个领域具有广泛的应用前景。

传感器网络的结构通常包括传感器节点、汇聚节点和管理节点。此外，无线传感网络的结构包括多个层次的设备和协议，包括物理层、数据链路层、网络层、传输层和应用层等，旨在实现环境监测的全面覆盖和数据的准确传输。

在物联网发展的大背景下，传感器网络由于其固有的特性和优点成为物联网感知物体信息、获取信息来源的首选。为了实现对智能建筑多种场景的覆盖，需运用不同的传感网络以满足不同环境下的网络特性使用需求。不同网络使用性质各有不同，使用场景也各不相同。

2.2.2　传感器节点

传感器节点是一种微型嵌入式设备，通常被用于监测环境中的变化。这些节点可以收集关于其周围环境的数据，并将这些数据发送到网络中的其他节点或处理器。传感器节点在多种不同的环境条件下检测如温度、压力等的变化。这些节点旨在检测缓慢发生的变化，但也可以对数据压缩、修改以允许在高速环境中运行。为了有效完成任务，传感器节点需要完成许多工作，包括监测数据的采集和转换、数据的管理和处理、应答汇聚节点的任务请求和节点控制等。由于这些节点通常具有有限的计算和存储资源，如何利用这些资源完成诸多协同任务成为传感器网络设计的挑战之一。

1. 光敏传感器

光敏传感器就如同人的眼睛，能够对光线强度作出反应，它能感应光线的明暗变化，输出微弱的电信号，通过简单电子线路放大处理，可以控制 LED 灯具的自动开关。因此在自动控制、家用电器等场景中得到广泛的应用，例如：在电视机中作亮度自动调节，照相机中作自动曝光，在路灯、航标等装置中自动控制电路、卷带自停及防盗报警等。

BH1750 光敏传感器的内部由光敏二极管、运算放大器、ADC 采集、晶振等组成。光电二极管通过光生伏特效应将输入光信号转换成电信号，经运算放大电路放大后，由 ADC 采集电压，然后通过逻辑电路转换成 16 位二进制数存储在内部的寄存器中。BH1750 引出了时钟线和数据线，单片机通过 IIC 协议可以与 BH1750 模块通信，可以选择 BH1750 的工作方式，也可以将 BH1750 寄存器的光照度数据提取出来。BH1750 实物图如图 2-6 所示。

图 2-6　BH1750 实物图

2. 温湿度传感器

温湿度传感器是一种装有湿敏和热敏元件，能够用来测量温度和湿度的传感器装置。温湿度传感器由于体积小、性能稳定等特点，被广泛应用在生产生活的各个领域。温湿度传感器多以温湿度一体式的探头作为测温元件，将温度和湿度信号采集出来，经过稳压滤波、运算放大、非线性校正、电压/电流转换、恒流及反向保护等电路处理后，转换成与温度和湿度呈线性关系的电流信号或电压信号输出，也可以直接通过主控芯片进行 485 或 232 等接口输出。

DHT11 数字式温湿度传感器是一种数字信号输出的温湿度传感器。它利用特殊的模拟信号采集、转换技术和温度、温湿度传感技术，确保传感器拥有良好的长时间稳定性和较高的可靠性。该传感器内部包含精度高的电阻式湿度传感器件和电阻式热敏测温传感器件，并与一个 8 位的性能高的单片机相连接。

DHT11 既能检测温度又能检测湿度，其温度测量范围为 0～50℃，误差在±2℃；湿度的测量范围为 20％～90％RH（Relative Humidity，相对湿度，指空气中水汽压与饱和水汽压的百分比），误差在±5％RH。DHT11 电路很简单，只需要输出引脚连接单片机的一个 I/O 即可，不过该引脚需要上拉一个 5k 的电阻，DHT11 的供电电压为 3～5.5V。DHT11 实物图如图 2-7 所示。

3. 空气质量传感器

室内空气污染物种类繁多，有物理污染、化学污染、生物污染、放射性污染等。造成室内空气污染的污染物来源大致有以下几类：一是降尘、粉尘、烟尘等颗粒物，这些颗粒物一般来自吸烟、农村用柴火烧饭和施工工地的二次扬尘等。二是二氧化硫、二氧化氮等化学污染物，这些空气中的有害化学污染物主要来自煤炭燃烧释放出来的烟尘和汽车排放的尾气等，这些有害气体会通过门窗进入室内。三是微生物污染物，比如说人们所熟知的 SARS 和新冠病毒。

MP503 型空气质量传感器采用多层厚膜制造工艺，在微型 Al_2O_3 陶瓷基片上的两面分别形成加热器和金属氧化物半导体气敏层，用电极引线引出，经 TO-5 金属外壳封装而成。当环境空气中有被检测气体存在时，空气质量传感器电导率发生变化，该气体的浓度越高，空气质量传感器的电导率就越高。采用简单的电路即可将这种电导率的变化转换为与气体浓度对应的输出信号。MP503 实物图如图 2-8 所示。

图 2-7　DHT11 实物图

图 2-8　MP503 实物图

4. 人体红外传感器

人体红外传感器是利用红外线的物理性质来进行测量的传感器。红外线又称红外光，它具有反射、折射、散射、干涉、吸收等性质。任何物质，只要它本身具有一定的温度（高于绝对零度），都能辐射红外线。人体红外传感器测量时不与被测物体直接接触，因而不存在摩擦，并且有灵敏度高、反应快等优点。

AS312是将数字智能控制电路与人体探测敏感元都集成在电磁屏蔽罩内的热释电红外传感器。人体探测敏感元将感应到的人体移动信号通过甚高阻抗差分输入电路耦合到数字智能集成电路芯片上，数字智能集成电路将信号转化成15位ADC数字信号，当PIR信号超过选定的数字阈值时就会有延时的REL电平输出，所有的信号处理都在芯片上完成。AS312实物图如

图 2-9   AS312 实物图

图2-9所示。

5. 气压高度传感器

气压高度传感器主要的核心测量部件是气压传感器，其中气压高度传感器用于测量气体的绝对压强。主要适用于与气体压强相关的物理实验，如气体定律等，也可以在生物和化学实验中测量干燥、无腐蚀性的气体压强。气压高度传感器是气压传感器的衍生产品，通过相应的物理关系可以实现海拔高度的换算，当气压高度传感器在测量海拔高度时需要利用处理器通过公式计算得到高度值。

HP303B是一款小型化数字气压传感器，具有高精度和低电流消耗等特点，并且能够测量压力和温度，器件采用密封电容式传感元件，用于压力测量，以确保在整个温度变化范围内具有高精度和高准确性。得益于小封装和低能耗等特点，HP303B成为移动应用和可穿戴设备的理想选择。内部信号处理器将压力和温度传感器元件的输出转换为24位结果。每个单元被单独校准；在此过程中计算的校准系数储存在校准寄存器中。应用程序中使用这些系数将测量结果转换为高精度压力和温度值。FIFO的结果可以存储多达32个测量结果，从而降低了主机处理器轮询速率，传感器的测量和校准系数可通过串行IIC或SPI接口。测量状态通过状态或中断显示在SOD引脚上。HP303B实物图如图2-10所示。

图 2-10   HP303B 实物图

6. 红外测距传感器

红外线作为一种特殊光波，具有光波的基本物理传输特性，如反射、折射、散射等，且由于其技术难度相对不大，构成的测距系统的成本低廉，性能优良，便于民用推广。另外红外测距的应用越来越普遍。在很多领域都可以用到红外测距仪。红外测距一般具有精确度和分辨率高、抗干扰能力强、体积小、重量轻等优点，因而应用领域广、行业需求众多，市场需求空间大。

GP2Y0A51SK0F是一个距离测量传感器单元，由PSD（位置敏感探测器）、IR-LED（红外发射二极管）和信号处理电路的集成组合组成。由于采用三角测量方法，物体反射率的变化、环境温度和工作时间不易影响距离检测。该装置输出与检测距离相对应的电

压。因此，该传感器也可以用作接近传感器。GP2Y0A51SK0F 实物图如图 2-11 所示。

7. 可燃气体传感器

可燃气体传感器是一种把空气中的特定成分检测出来，并将其转换为电信号的器件。被广泛应用于家庭、工厂、商业用所的可燃气体泄漏监测装置、防火安全探测系统，以及可燃气体泄漏报警器、气体检漏仪中。

MP-4 型可燃气体检测用平面半导体气敏元件采用先进的平面生产工艺，在微型 Al_2O_3 陶瓷基片上形成加热器和金属氧化物半导体气敏材料，用电极引线引出，封装在金属管座、管帽内。当有被检测气体存在时，空气中该气体的浓度越高，传感器的电导率就越高。使用简单的电路即可将这种电导率的变化转换为与气体浓度对应的输出信号。具有对甲烷的灵敏度高、低功耗、快速的响应恢复特性、优异的稳定性和长期的使用寿命、简单的驱动电路应用等特点。MP-4 型可燃气体传感器实物图如图 2-12 所示。

图 2-11　GP2Y0A51SK0F 实物图　　　　图 2-12　MP-4 型可燃气体传感器实物图

8. 霍尔传感器

霍尔效应是磁电效应的一种，这一现象是霍尔于 1879 年在研究金属的导电结构时发现的。后来发现半导体、导电流体等也有这种效应，而半导体的霍尔效应比金属强得多，利用这现象制成的各种霍尔元件，广泛地应用于工业自动化技术、检测技术及信息处理等方面。霍尔效应是研究半导体材料性能的基本方法。通过霍尔效应实验测定的霍尔系数，能够判断半导体材料的导电类型、载流子浓度及载流子迁移率等重要参数。

AH3144 霍尔传感器，是一种磁传感器，当电机带叶轮转动时，在叶轮上固定一块小磁铁，将传感器靠近小磁铁时，叶轮上小磁铁每经过一次霍尔传感器，就会产生一个脉冲信号，并将脉冲信号传递给单片机端口。AH3144 实物图如图 2-13 所示。

9. 火焰传感器

工厂作为产品生产的重要场所，堆放有各种生产原料、加工设备，成品仓库、工厂厂房等，一旦发生火灾后果将不堪设想，且造成的经济财产和人员损失巨大。容易发生火灾的工厂如造纸厂、面粉加工厂、

图 2-13　AH3144 实物图

化工厂、肥料加工厂等，这些厂区极易发生火灾和爆炸。因此对厂区明火的及时检测对厂区预防火灾有重要的意义。通过对明火的及时检测可以有效防止火灾的发生。

RD-913FB5 型热释电火焰传感器采用钮酸锂单晶作为敏感元材料，钮酸锂晶体材料的居里温度在 600℃以上，相对介电常数小，比探测率高，在很宽的室温范围内，材料的热释电系数随温度的变化很小，输出信号的温度变化率只有 $1‰\sim2‰$。该传感器性能的温度稳定性非常好，并且在 $1\sim20\mu m$ 波长范围内光谱响应一致性非常好，广泛应用于各类储油站、大型仓库、工厂车间、森林、充电桩等场所，为石油、化工、造纸、森林、车库等火灾高危领域标准配置，同时也在高端住宅、商业、普通工业等场所逐渐得到普及。RD-913FB5 实物图如图 2-14 所示。

图 2-14　RD-913FB5 实物图

10. 加速度传感器

加速度传感器是一种能够测量加速度的传感器，通常由质量块、阻尼器、弹性元件、敏感元件和适调电路等部分组成。它能够感受物体在三个轴向的振动，并将振动量转化为电信号输出，从而实现对物体运动状态的监测和控制。加速度传感器具有体积小、重量轻、精度高、稳定性好等特点，能够适应各种复杂的环境条件。根据传感器敏感元件的不同，常见的加速度传感器包括电容式、电感式、应变式、压阻式、压电式等。加速度传感器的工作原理通常为牛顿第二定律，通过对质量块所受惯性力的测量，获得加速度值。加速度传感器广泛应用于汽车、航空、游戏、工业等领域。例如，在汽车碰撞测试中，加速度传感器可以用来监测车辆碰撞时的加速度变化，从而评估车辆的安全性能。在游戏设备中，加速度传感器可以用来检测游戏设备的运动和方向，增强游戏的体验。在地震监测中，加速度传感器可以用来检测地震波的振动，从而实现对地震的监测和控制。

ICP 型加速度传感器是基于电容原理的极距变化型的电容传感器，属于惯性式传感，是利用磁电感应原理的振动信号变换成电信号。它主要由磁路系统、惯性质量、弹簧阻尼等部分组成。在传感器壳体中刚性地固定有磁铁，惯性质量（线圈组件）用弹簧元件悬挂于壳体上。工作时，将传感器安装在机器上，在机器振动时，在传感器工作频率范围内，线圈与磁铁相对运动，切割磁力线，在线圈内产生感应电压，该电压值正比于振动速度值。与智能振动监控仪相配接，既可显示振动速度或位移量的大小，也可以输送到其他采集仪器或交流电压表进行测量。ICP 型加速度传感器实物图如图 2-15 所示。

11. 陀螺仪传感器

陀螺仪传感器是一种能够测量旋转角度或速度的传感器。它基于陀螺仪的原理，即当一个物体在旋转时，其旋转轴所指的方向在不受外力影响的情况下不会改变。因此，通过测量陀螺仪的旋转轴所指的方

图 2-15　ICP 型加速度传感器实物图

向，可以确定物体的旋转角度或速度。陀螺仪传感器通常由陀螺仪、信号处理电路和输出装置等部分组成。陀螺仪传感器在许多领域都有广泛的应用，如航空航天、机器人、汽车、游戏等。例如，在航空航天领域中，陀螺仪传感器可以用于姿态控制、导航和飞行控制等方面。在机器人领域中，陀螺仪传感器可以用于机器人的自主导航、稳定控制和避障等方面。在汽车领域中，陀螺仪传感器可以用于车辆的稳定性控制、自动驾驶和悬挂系统等方面。在游戏领域中，陀螺仪传感器可以用于游戏设备的运动控制和虚拟现实等方面。

CRS03-02T 陀螺仪传感器是用于测量运动物体角速度的微型惯性器件。产品采用硅素超微精密环型传感件设计，在剧烈冲击和振动条件下仍能保持稳定的性能。当使用石英陀螺时，引擎运动时往往会带来很多问题，而 CRS03-02T 则不受影响。量产型、低价格、高抗震等级的模拟电压输出角速率传感器，采用全金属封装，被广泛应用于需要测量角速率而无固定参考点条件。微加工技术赋予 CRS 精密的环形振动结构，近距激发拾取设计基于时间

图 2-16　CRS03-02T 陀螺仪传感器实物图

和温度的稳定性高，避免了单波束或调谐结构传感器对安装的敏感性。CRS03-02T 陀螺仪传感器实物图如图 2-16 所示。

12. 压力传感器

压力传感器是一种能够感受压力信号，并能按照一定的规律将压力信号转换成可用的输出的电信号的器件或装置。它通常由压力敏感元件和信号处理单元组成，根据不同的测试压力类型，可以分为表压传感器、差压传感器和绝压传感器。压力传感器广泛应用于各种工业自控环境，涉及水利水电、铁路交通、智能建筑、生产自控、航空航天、军工、石化、油井、电力、船舶、机床、管道等众多行业。此外，还有一些特定类型的压力传感器，如压缩空气传感器和柔性可穿戴压力传感器。

THLL336 差压压力传感器是由隔离的硅压阻式压力敏感元件封装与不锈钢壳体组成，外壳和接头材料均为不锈钢，介质兼容性好，性能稳定可靠，精度高。压力接口为工业标准螺纹，密封垫端面密封，适用于各种动、静态气体液体的压力测量。该产品广泛应用于石油、化工、冶金、航空、航天、医疗设备、车辆、制冷机、压缩机等行业的过程控制及测量。可根据要求定制，以满足特殊结构尺寸和耐高温要求。THLL336 差压压力传感器实物图如图 2-17 所示。

图 2-17　THLL336 差压压力传感器实物图

2.2.3 传感器融合

1. 传感器融合的概念

传感器融合又称为数据融合或多传感器数据融合，随着计算机应用技术的发展，传感器融合可以定义为充分利用不同时间与空间的多传感器数据资源，采用计算机技术对按时间序列获得的多传感器观测数据，在一定准则下进行分析、综合、支配和使用，获得对被测对象的一致性解释与描述，进而实现相应的决策和估计，使系统获得比它的各组成部分更充分的信息。

2. 传感器信息融合的一般方法

（1）加权平均法

传感器信息融合方法中最简单、最直观的方法是加权平均法，该方法将一组传感器提供的冗余信息进行加权平均，结果作为融合值，该方法是一种直接对数据源进行操作的方法。

（2）卡尔曼滤波法

卡尔曼滤波主要用于融合低层次实时动态多传感器冗余数据。该方法用测量模型的统计特性递推，决定统计意义下的最优融合和数据估计。如果系统具有线性动力学模型，且系统与传感器的误差符合高斯白噪声模型，则卡尔曼滤波将为融合数据提供唯一统计意义下的最优估计。卡尔曼滤波的递推特性使系统处理不需要大量的数据存储和计算。

（3）多贝叶斯估计法

多贝叶斯估计为数据融合提供了一种手段，这是融合静态环境中多传感器高层信息的常用方法。它使传感器信息依据概率原则进行组合，测量不确定性以条件概率表示。当传感器组的观测坐标一致时，可以直接对传感器的数据进行融合。但大多数情况下，传感器测量数据要以间接方式采用贝叶斯估计进行数据融合。

多贝叶斯估计将每一个传感器作为一个贝叶斯估计，将各个单独物体的关联概率分布合成一个联合的后验的概率分布函数。通过使用联合分布函数的似然函数为最小，提供多传感器信息的最终融合值，融合信息与环境的一个先验模型，提供整个环境的一个特征描述。

（4）人工神经网络法

神经网络具有很强的容错性以及自学习、自组织及自适应能力，能够模拟复杂的非线性映射。神经网络的这些特性和强大的非线性处理能力，恰好满足了多传感器数据融合技术处理的要求。在多传感器系统中，各信息源所提供的环境信息都具有一定程度的不确定性，对这些不确定信息的融合过程实际上是一个不确定性推理过程。神经网络根据当前系统所接受的样本相似性确定分类标准，这种确定方法主要表现在网络的权值分布上。同时，可以采用神经网络特定的学习算法来获取知识，得到不确定性推理机制。利用神经网络的信号处理能力和自动推理功能，即实现了多传感器数据融合。

3. 传感器融合的层次

传感器融合按其在多传感器信息处理层次中的抽象程度可以分为数据级融合、特征级融合和决策级融合。

（1）数据级融合

数据级的融合是最低层次的数据融合，用来处理同质数据，它是对传感器采集到的信息进行直接的融合处理，且对融合完成的结果进行特征的提取和决策判断。这个融合处理的方法的优势是数据量损失少，可以供给其他融合级别不能提供的细微的信息，精确度高。但这种融合方式的数据处理量大，实时性差。

（2）特征级融合

特征级融合是指从各个传感器提供的原始数据中进行特征提取，然后融合这些特征。因此，在融合前实现了一定的信息压缩，有利于实时处理。同时，这种融合可以保持目标的重要特征，提供的融合特征直接与决策推理有关，基于获得的联合特征矢量能够进行目标的属性估计。其缺点是融合精度比像素层差。

（3）决策级融合

决策级融合是指在融合之前各传感器数据源都经过变换并获得独立的身份估计。信息根据一定准则和决策的可信度对各自传感器的属性决策结果进行融合，最终得到整体一致的决策。这种层次所使用的融合数据相对是一种最高的属性层次。这种融合方式具有好的容错性和实时性，可以应用于异质传感器，而且在一个或多个传感器失效时也能正常工作。其缺点是预处理代价高。

2.2.4 短距离无线传感网络通信技术

1. ZigBee

ZigBee 是基于 IEEE 802.15.4 标准的低功耗局域网协议，是一种低功耗的近距离无线组网通信技术。ZigBee 作为一种短距离、低功耗、低数据传输速率的无线网络技术，在传感器网络等领域应用非常广泛，在智慧农业、工业控制、家庭智能化、无线传感器网络等领域有广泛的应用。

ZigBee 技术有自己的无线电标准，在许多小的传感器之间相互协调实现通信，传感器节点只需要很少的能量，就能以接力的方式通过无线电将数据信息从一个传感器传到另一个传感器。同时，它具有强大的组网能力，可以形成星形、树状和网状三种 ZigBee 网络，因此被认为是最有可能应用在传感器网络、工程监测、家庭监控等领域的无线技术。

2. Wi-Fi

Wi-Fi 是一种允许电子设备连接到一个无线局域网（WLAN）的技术，通常使用 2.4G UHF 或 5G SHF ISM 射频频段。连接到无线局域网通常是有密码保护的，但也可是开放的，允许任何在 WLAN 范围内的设备连接上。Wi-Fi 是一个无线网络通信技术的品牌，由 Wi-Fi 联盟所持有，目的是改善基于 IEEE802.11 标准的无线网络产品之间的互通性。

Wi-Fi 是由接入结点 AP（Access Point）、站点（Station）等组成的无线网络。AP 一般称为网络桥接器或接入点，它作为传统的有线局域网络与无线局域网络之间的桥梁，因此任何一台装有无线网卡的计算机均可透过 AP 去分享有线局域网络甚至广域网络的资源。它的工作原理相当于一个内置无线发射器的路由，而无线网卡则是负责接收由 AP 所发射信号的客户端设备。

无线局域网在室内室外场所均有广泛的应用。室内应用包括大型办公室、车间、酒店宾馆、智能仓库、临时办公室、会议室、证券市场等；室外应用包括城市建筑群体通信、学校校园网络、工矿企业厂区自动化控制与管理网络、银行金融证券城区网、矿山、水利、油田、港口、码头、江河湖坝区、野外勘测实验、军事流动网、公安流动网等。

3. 蓝牙

蓝牙是一种支持终端设备短距离通信的无线电技术，它作为无线数据和语音通信的开放性全球规范，目前已广泛应用在各种电子设备上。借助于蓝牙技术，可简化移动终端间通信及终端设备与互联网之间通信，继而提高数据传输效率，实现设备间相互操作与数据共享。随着科技发展，新的蓝牙规范被不断提出，正在向着低功耗、高速连接的发展方向不断前进。

目前，蓝牙已成为设备之间进行短距离无线通信最简单巧妙的方法之一，同时也是市场上支持范围最广、功能最丰富的无线标准。其最大的特点是成本和功耗的降低，应用于功耗低、实时性要求比较高，但是数据速率比较低的产品，如遥控类的（鼠标、键盘）、传感设备的数据发送（心跳带、血压计、温度传感器）等。

4. 6LoWPAN

6LoWPAN（IPv6 over Low Power Wireless Personal Area Network）是基于 IPv6 的低速无线个域网络的简称。基于 6LoWPAN 的无线传感器网络所具有的主要特征包括：支持 64 位或者 16 位的 IEEE 802.15.4 地址，节点可以通过无状态自动配置获取合法的 IPv6 地址，无需人工配置；在 IP 网络层之下设置适配层，进行 IP 数据报分割和重组，使得物理层可以分段地传输 IPv6 数据报，满足 IPv6 对最大传输单元 MTU 的要求；高效的、无状态的报头压缩，能显著减少报头开销，提高传输效率；使用邻居发现技术实现网络自组；支持单播、多播和组播功能；支持网络层路由和链路层路由。

6LoWPAN 技术使得无线传感器网络的节点自由接入互联网成为可能，它精简了 IPv6 协议的功能，对必需的部分进行了保留和修改，对非必需的部分进行了裁剪和删除。它实现了 IPv6 网络与基于 IEEE 802.15.4 标准的传统无线传感器网络的无缝连接。对于实现物联网和基于 IPv6 的互联网的全面融合具有划时代意义。在未来，相互融合的物联网和互联网会形成真正的全 IP 网络，任何人在任何时间，任何地点，通过任何终端都能获取所需要的任何信息。而 6LoWPAN 技术的采用将从根本上解决物联网感知延伸层传感器节点接入互联网的问题，实现传感器网络末梢节点的 IP 化。

5. RFID

射频识别（Radio Frequency Identification，RFID）技术是一种新兴的自动识别技术，它通过射频电子标签装置来实现数据的存储和远程检索，并通过射频电子标签和射频读写器之间的无线通信完成对象的自动识别，从而进行远程识别、监控和跟踪各种对象。

通常情况下射频识别系统至少包括两个部分，即标签和阅读器。电子标签由耦合元件和芯片组成，每个标签具有唯一的电子编码，在实际应用中，电子标签附着在待识别物体的表面。阅读器又称为读写器，可以无接触地读取并识别电子标签中所存储的数据，进一步通过计算机系统或网络便可实现对物体识别信息的采集、处理及远程传送等管理功能。

射频识别技术依据其工作频率的不同可分为低频、中高频和超高频，不同频段的 RFID 产品会有不同的特性。低频段和中高频段电子标签的典型工作频率为 125kHz、13.56MHz，这两个频段标签芯片一般采用 CMOS（互补金属氧化物半导体）工艺，具有省电、廉价的特点，非常适合近距离的、低速度的识别应用。超高频段电子标签的典型工作频率为 433MHz、915MHz、2.45GHz、5.8GHz 等，其特点是电子标签及阅读器成本均较高、标签内存储的数据量较大、阅读距离远、适应物体高速运动性能好，主要用于移动车辆识别、电子身份证、仓储物流应用等方面。

2.2.5　长距离无线传感网络通信技术

1. LoRa

LoRa 是 LPWAN（Low Power Wide Area Network，低功耗广域网）通信技术中的一种，是美国 Semtech 公司采用和推广的一种基于扩频技术的超远距离无线传输方案。这一方案改变了以往关于传输距离与功耗的折中考虑方式，为用户提供一种简单的能实现远距离、长电池寿命、大容量的系统，进而扩展传感网络。目前，LoRa 主要在全球免费频段运行，包括 433 MHz、868 MHz、915 MHz 等。

LoRa 的优势在于技术方面的长距离能力。单个网关或基站可以覆盖整个城市或数百平方千米范围。在一个给定的位置，通信距离在很大程度上取决于环境或障碍物。LoRa 节点要实现组网需要配置 4 个网络参数，其中只有当一个节点配置的 4 个参数与 AP 搭建的网络参数相同时，这个 LoRa 节点才能够加入 AP 所组建的 LoRa 网络中。LoRa 网络组建参数分别为：发射频率、调制带宽、扩频因子和编码率。发射射率主要控制芯片信号强度，同样作为 LoRa 的配置参数之一。LoRa 网络拥有三种网络结构模式，分别是点对点通信、星状网轮询、星状网并发。

2. NB-IoT

NB-IoT 网络的全称为窄带物联网（Narrow Band Internet of Things，NB-IoT），NB-IoT 构建于蜂窝网络，只消耗大约 180kHz 的频带宽度，对移动通信网络的频带占用极小，又由于频段用于物联网的数据传输，因此这种建立在蜂窝网上，消耗极小带宽，专门用于物联网数据连接的网络称为窄带物联网。NB-IoT 网络可直接部署于 GSM 网络、UMTS 网络或 LTE 网络，以降低部署成本、实现平滑升级。由于 NB-IoT 网络部署方便，具有占用资源少并结合蜂窝网覆盖广泛的特点，使得该网络有着广泛的应用前景，成为万物互联网络的一个重要分支。

NB-IoT 物联网的特点包括网络接入量大、深度覆盖、超低功耗、成本低、稳定可靠、占用资源少等。

3. LTE

LTE 是应用于手机及数据卡终端的高速无线通信标准。LTE 是一种长期演进技术，该技术可支持更多系统带宽下的网络部署，其空间信号覆盖范围和传输速率相较于 3G 技术而言，提高了数倍甚至是数十倍。4G LTE 最大的数据传输速率超过 100Mbps，这个速率是移动电话数据传输速率的 1 万倍，也是 3G 移动电话速率的 50 倍。4G 手机可以提供高性能的汇流媒体内容，并通过 ID 应用程序成为个人身份鉴定设备。它也可以接收高分辨率的电影和电视节目，从而成为连接广播和通信的新基础设施中的一个纽带。

LTE 网络的特点包括通信速度快、网络频谱宽、通信灵活、智能性能高、兼容性好、提供增值服务、高质量通信、频率效率高、费用便宜、世界主流等。

4. Sigfox

Sigfox 的技术是基于超窄带（Ultra-Narrow Band，UNB）二元相移键控调制方式，工作于 868MHz 或 902MHz 频段。Sigfox 技术只针对物联网无线传输领域内的短信息服务，其数据包大小为固定的 12 字节，这样不仅可以满足物联网终端需求参数的通信需要，也节省了各个节点占用信道资源的时间，从而提高了工作效率。Sigfox 部署了自己的专用基站，使用经软件认可的无线电把它们连接到后端服务器并使用基于 IP 的网络。终端设备在超窄带 ISM 频带载波的调制下，使用二进制相移键控连接到这些基站。

通过使用超窄带，Sigfox 有效地利用频带带宽，实现了低噪声的特性、非常低的功耗、高接收机灵敏度与低成本的天线设计。其最大吞吐量只有 100bps。Sigfox 最初只支持上行通信，后来发展到双向技术，具有显著链路不对称的下行通信。上行链路上的消息数量限制为每天 140 条。每次上行链路的最大负载消息长度是 12 字节。但是，消息的数量超过下行链接限制为每天 4 条消息，这意味着不能支持对每个上行消息的确认。每个下行消息的最大有效负载长度为 8 个字节，上行链路没有足够的确认支持，通信链路的可靠性是靠使用时间频率分集以及传输重复来保证。每一个终端设备消息通过不同的频率通道被传输多次（默认设置为 3 次）。为了这个目的，在欧洲，频段在 868.180MHz 和 868.220MHz 之间分为 400 个正交的 100Hz 通道。作为基站可以同时接收所有的信息通道，终端设备可以随机选择一个频率通道来传输它们的消息。这简化了终端设备的设计，同时降低了成本。

2.2.6　网络拓扑结构

无线网络拓扑结构通常分为星形网络、树状网络、网状网络和混和网网络。由于无线传感器网络拓扑结构具有网络节点数目多、密度大、网络结构动态变化纷繁复杂等特点，不同的应用场景对于传感器网络的网络拓扑结构有着不同的需求。

1. 星形网络

星形网络是由一个基站或者接入点来控制在网络中其他节点的通信，有时候也被称为点对多点拓扑，在这个系统中所有的通信信号都会汇集到一个单一的模块节点上。星形网络结构如图 2-18 所示。

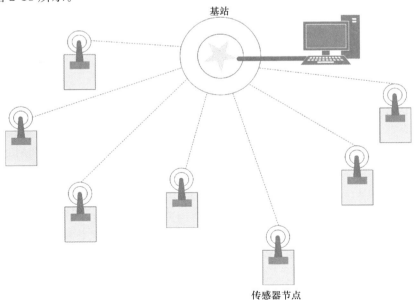

图 2-18　星形网络结构

　　星形网络中的信号被集中到一个中心接入点。中心接入点与其他子节点的无线连接质量决定了网络的可靠性。在工业应用中，可能很难为中心接入点找到一个位置，能够为所有在网络中的子节点提供稳定可靠的通信连接。将中心节点的位置适当移动可能会提高中心节点与某个子节点的通信质量，但这样做经常以损害中心节点与其他子节点通信质量为代价。这种结构的优点是增加节点时成本低，缺点是中心节点设备出故障时，整个系统瘫痪，故可靠性较差。

　　2. 树状网络

　　星形网络的进一步扩展便出现了树状网络，由于节点数量的增加，单独一个星形网络可能无法覆盖所有的节点，于是出现了若干个星形网络共同存在的情况，各个星形网络之间通过路由器连接。被连接起来的若干个星形网络构成了树状网络。相对于星形网络，树状网络覆盖的物理范围更大，容纳的网络子节点数量更多。

　　但是这并不意味着树状网络可以无限制地扩大，因为在无线传输过程中存在延迟以及丢包等问题的存在，随着网络级联的增大，这两个影响无线数据传输成功与否的因素就显得尤为重要。网络级联层数增加随之带来传输一个数据包需要的延迟更大，数据包的丢包率也随之增加。

　　树状网络的拓扑结构如图 2-19 所示。

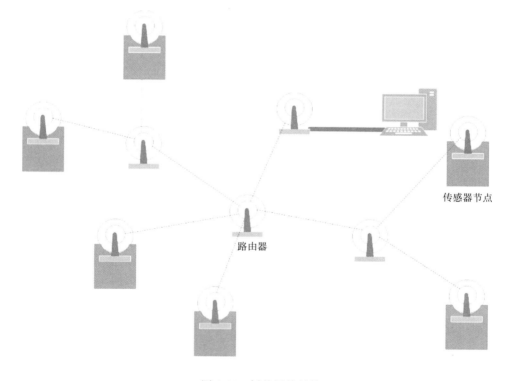

传感器节点

路由器

图 2-19　树状网络结构

　　这种网络的优点是通信线路连接比较简单，网络管理不复杂，维护方便。缺点是资源共享能力差，可靠性差，如主节点出故障，则和该主节点相连的子节点均不能工作。

3. 网状网络

无线传感器网络的网络拓扑结构中，较树状网络更复杂的是网状网络。在这种结构中，节点与节点之间的结构是"point-to-point-to-point"结构，它是一个 Ad-hoc 网络。

在一个网状网络中，一个节点不但能够发送、接收一条信息，它还具有 Router 的功能，能够将一条信息转播给它的邻居。通过这种传播信息的功能，在网状网络中的一个数据包可以通过一条传播路径最终到达它的目的节点。网状网络的实例如图 2-20 所示。

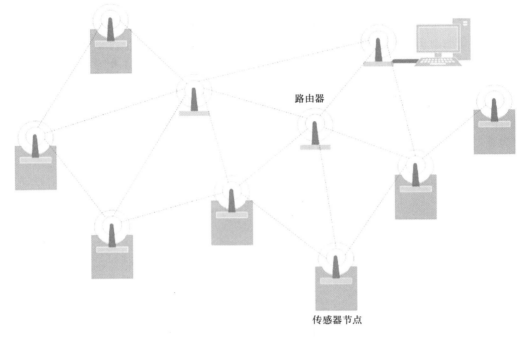

图 2-20　网状网络结构

网状网络拓扑结构有较高的可靠性，资源共享方便。缺点是网状网络比较复杂，成本也较高。

4. 混合网网络

混合网网络结构力求兼具星形网络的简洁、易控以及网状网络的多跳和自愈的优点，使整个网络的建立、维护以及更新更加简单、高效。其中分层式的网络结构属于混合网中较典型的一种，尤其适合节点众多的无线传感器网络应用。在分层网中，整个传感器网络形成分层结构，传感器节点通过由基站指定或者自组织的方法形成各个独立的簇，每个簇选出相应的簇首，由簇首负责簇内节点的控制，并对簇内所收集的数据进行整合、处理，随后转发给基站。分层式网络结构，既通过簇内控制减少了节点与基站远距离的信号交互，降低了网络建立的复杂度，减少了网络路由和数据处理的开销，同时又可以通过数据融合降低网络负载，而多跳也减少了网络的能量消耗。混合网网络的实例如图 2-21 所示。

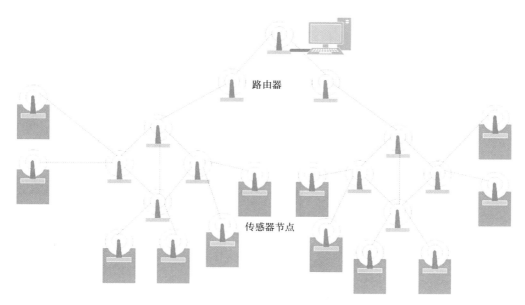

图 2-21　混合网网络结构

2.2.7　无线传感网络在建筑中的应用案例

1. 楼宇消防控制系统

（1）系统功能设计

楼宇消防控制系统功能设计分两个大模块：设备采集、控制和系统设置。

设备采集、控制功能模块：温度、空气质量传感器数据采集和火焰传感器状态检测，继电器、RGB 灯和蜂鸣器控制。

系统设置功能模块：服务器 ID、密钥、服务器地址参数设置与连接；传感器 MAC 地址获取与设置；系统软件版本查询与显示。

系统功能如图 2-22 所示，系统功能需求表设计见表 2-2。

系统功能需求表　　　　　　　　　　　　　　　　　　表 2-2

功能	功能说明
采集数据显示	上层应用界面实时更新显示温度、空气质量、传感器数据，显示火焰传感器状态
喷淋系统实时控制	通过上层应用程序，对喷淋系统开关操作
声光报警控制	通过传感器数据与阈值比较控制 RGB 灯与蜂鸣器的开关
模式设置	（自动模式）超出温度、空气质量传感器阈值将自动报警
	（手动模式）通过界面控制
服务器连接设置	服务器参数设置与连接

（2）系统总体架构设计

楼宇消防控制系统采用物联网项目架构进行设计，下面根据物联网四层架构模型进行说明。

感知层：通过温湿度传感器、空气质量传感器和火焰传感器实现数据的采集，蜂鸣

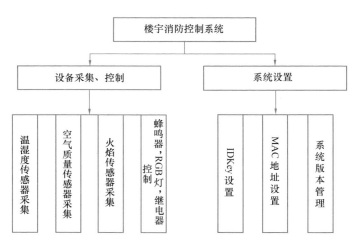

图 2-22 系统功能图

器、RGB 灯、继电器的控制由 CC3200 单片机进行控制。

网络层：感知层节点同网关之间的无线通信通过 Wi-Fi 方式实现，网关同服务器、上层应用设备间通过计算机网络进行数据传输。

平台层：平台层主要是互联网提供的数据存储、交换、分析功能，平台层提供物联网设备间基于互联网的存储、访问、控制。

应用层：应用层主要是物联网系统的人机交互接口，通过 PC 端、移动端提供界面友好、操作交互性强的应用。

系统总体架构图如图 2-23 所示。

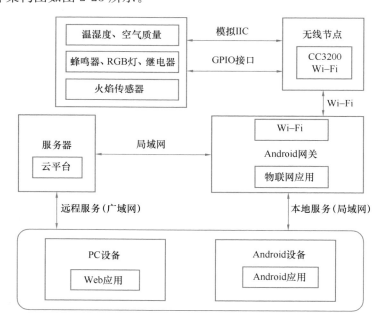

图 2-23 系统总体架构图

（3）系统通信过程

楼宇消防控制系统传输过程分为三部分：传感器节点、网关、客户端。系统通信过程如图 2-24 所示，具体通信描述如下：

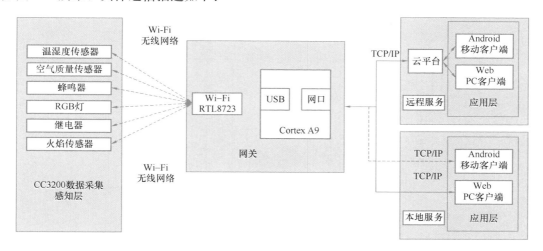

图 2-24 系统通信过程

1）传感器节点通过 Wi-Fi 网络与网关进行组网；

2）底层节点的数据通过 Wi-Fi 网络将数据传送给网关，网关将数据推送给所有连接网关的客户端；

3）客户端应用通过调用服务器数据接口，实现实时数据采集等功能。

2. 智能水表抄表系统

（1）系统功能设计

智能水表抄表系统功能设计分两大模块：远程设备管理、系统设置。

远程设备管理功能模块：远程设备数据读取、设备开关自动控制、RFID 卡片充值管理。

系统设置功能模块：服务器 ID、密钥、服务器地址参数设置与连接；传感器 MAC 地址获取与设置；系统软件版本查询与显示。

系统功能如图 2-25 所示，系统功能需求表设计见表 2-3。

系统功能需求表   表 2-3

功能	功能说明
智能水表控制管理	远程设备数据读取、设备开关自动控制、RFID 卡片充值管理
服务器连接设置	服务器参数设置与连接，传感器 MAC 地址设置

（2）系统总体架构设计

智能水表抄表系统采用物联网项目架构进行设计，下面根据物联网架构模型进行说明。

感知层：通过 RFID 识别模块实现，节点卡片识别由 STM32F103 单片机进行控制。

平台层：感知层节点通过 NB-IOT 方式将数据发送至云平台，平台层主要是云平台提供的数据存储、交换、分析功能，平台层提供物联网设备间基于互联网的存储、访问、控制。

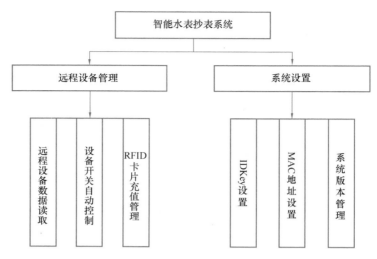

图 2-25   系统功能图

应用层：应用层主要是物联网系统的人机交互接口，通过 PC 端、移动端提供界面友好、操作交互性强的应用。

系统总体架构图如图 2-26 所示。

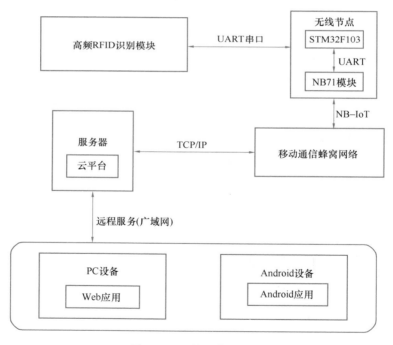

图 2-26   系统总体架构图

（3）系统通信过程

智能水表抄表系统传输过程分为三部分：传感器节点、云平台、客户端。系统通信流程如图 2-27 所示，具体通信描述如下：

1）传感器节点通过网关进行组网，节点与智云平台进行数据通信；

图 2-27 系统通信流程

2）层节点的数据通过 NB-IoT 模块将数据传送给智云平台，智云平台将数据发送给连接的 Android 客户端等；

3）客户端应用通过调用智云数据接口，实现实时数据采集等功能。

2.3 室内定位技术

2.3.1 概述

自从工业 4.0 概念被提出后，进入"互联网＋"时代，基于位置的服务（Location on Based Service，LBS），因其社会价值和商业价值而备受关注。国内外政府为推动基于位置服务的发展，积极出台各项相关政策，美国联邦政府推出 E911 法案，要求美国在十年内具有定位功能的手机达到 95％以上的覆盖率，能够在紧急救援时确定呼救人员的位置，欧盟、俄罗斯和日本相继出台 E112 法案、ERA 法案和政府安全法规。我国高度重视定位技术的发展，2013 年国务院发布《关于推进物联网有序健康发展的指导意见》，鼓励定位产业链上游硬件供应的发展，着力突破定位芯片和传感器网络等技术研发创新与产业化，进一步推进物联网与定位技术的融合。同年科技部发布《室内外高精度定位导航白皮书》，推出羲和系统，实现了室内外定位无缝衔接，并在多个城市实际投入使用。在"十三五"期间以及"十四五"期间，国务院提出的"新型智慧城市"的发展目标和"交通强国"战略都需要定位技术的支撑，高精度定位技术的发展，一直是我国的重要研究课题之一。依据定位技术使用场景的不同，可以将其分为室外定位与室内定位两个领域。

在室外定位领域，技术已日趋成熟，全球导航卫星系统（Global Navigation Satellite System，GNSS），如我国的北斗卫星导航定位系统、俄罗斯的 GLONASS 系统和美国的全球定位系统，在户外定位方面占据主导地位，均已经投入使用，给人们的日常生活、工作以及其他许多方面都带来了极大的便利，例如汽车导航等。

在室内定位领域，人们要在室内度过的时间占比可达 87％～90％，室内定位具有广阔的应用前景，如在商场中引导顾客前往商店、美食广场，进行商铺信息推送。紧急救援时，急救人员可以使用室内定位技术快速确定遇险人员所在的位置。在人员物品管理方面，如化工厂实时监控人员状态，避免工厂事故。在医院里，利用室内定位技术提供导诊服务，同时推送公共服务信息。在博物馆，准确的室内定位可以将用户的手机变成虚拟向导。虽然 GNSS 已经能够比较准确地实现室外定位，但是在室内场景的定位应用中受到很大的限制，卫星信号从室外环境传送至室内环境时，会受到非常严重的衰减甚至完全阻塞，智能终端实际上可以接收到的信号强度非常弱，无法准确地进行定位。室内定位仍然是存在很多需要解决的问题，尤其是在大型多楼层建筑物中。工业界和学术界纷纷投身于室内定位技术和方法的研发与研究工作中。近十年来，室内定位领域的论文发表数量迅速增加，室内定位是一个热点的研究方向。

2.3.2 室内定位技术

许多无线技术已被研究用于室内定位使用，包括超声波技术、蓝牙技术、射频识别（RFID）技术、超宽带技术、地磁技术、Wi-Fi 技术等。

1. 超声波室内定位

超声波室内定位技术使用高于人类听觉上限（通常约为 40kHz）的声音频率。典型的系统有 Bat 定位系统与 MIT 开发的 Cricket 系统，其中 Bat 在 1000 平方米的待定位区域内布设了 750 个接收器，将 95% 的定位误差控制在 9cm 以内。超声波定位精度很高，但是系统需要布设大量基础硬件设施，成本投入花费巨大，主要使用基于测距的方法，要求视距通信，受多径效应影响，传播速度与温度有关，气候的变化会影响定位精度。同时传播过程存在信号明显衰减的问题，抑制了该技术的有效定位范围，不适用于大型定位场所，主要应用于无人车间物品定位方面。

2. 蓝牙室内定位

蓝牙技术用于短距离传输数据，工作在 2.4GHz 频段，在 IEEE 802.15.1 中被定义为无线个人区域网络的一种形式。在定位空间中布设蓝牙信标，Beacon 不断向周围环境发射广播信号和数据包，智能终端进入 Beacon 信号覆盖区域，收到不同基站的信号强度值，利用后台定位算法确定目标位置信息。具有代表性的系统有 Topaz 定位系统和 Apple 的 iBeacon 系统。该技术不需要视距传播，体积小功耗低，非常省电，已经集成到常见的智能终端中，并且实现简单。但是该技术同时容易受噪声影响，在复杂的空间环境中稳定性差，传播距离短，因此主要用于小范围定位场景。

3. 射频识别室内定位

射频识别（RFID）是一种使用无线电波在读写器和标签之间存储和检索数据的技术。RFID 系统由标签、读写器、天线、计算机数据库四个部分组成。天线的主要作用是为 RFID 标签供电。标签以电磁波的形式发射数据，被读写器捕获，传输到信息数据库。通过后台定位算法确定被定位目标的位置信息。典型的系统有 MSU 开发的 LANDMARC 定位系统和华盛顿大学开发的 SpotON 定位系统，这种技术成本低，速度快。但是同时其定位有效距离短，通信能力差，为了提高精度和范围，需要在室内密集布设许多标签，从而增加了标签之间信号碰撞的机会，不便于整合到其他系统中，工程实践难度大。目前，主要被应用在商场、工厂等商品和货物的流转定位上。研究的热点有信号传播模型的完善和用户隐私安全等。

4. 超宽带室内定位

超宽带（Ultra Wideband，UWB）技术采用短脉冲（小于 1ns）和宽频带（大于 500MHz）发射电磁波，使用的频谱范围很广，范围为 3.1～10.6GHz，穿透能力强，典型的系统是 Ubiscnsc 室内定位系统。UWB 可以过滤来自原始信号的反射信号，从而最大限度地减少多径问题，提供了非常好的精度，可以达到亚米级。同时由于使用的信号类型和无线电频谱不同，它可以靠近其他射频设备使用而不会造成或遭受干扰，抗干扰性强，稳定性高。缺点是价格昂贵，单个基站成本需要 5000 到 20000 元不等，室内定位系统需要根据实际定位空间范围搭建多个基站，适合高精度的行业应用，这也在一定程度上限制了其在广泛场景中的应用。

5. 地磁室内定位

地球本身存在一个基本的磁场，被称为地磁，建筑物内金属结构的干扰使地磁发生扭曲，形成建筑物特有的"室内磁场"。大部分智能手机端集成了地磁传感器，地磁室内定位技术利用收集采集室内磁场数据，对磁场变化轨迹进行匹配来确定自己的位置信息。典型的 LocatcMc 地磁定位系统，地磁室内定位的优点是成本低，不需要部署额外的硬件设备；缺点是"室内磁场"与建筑物的技术结构紧密相关，室内环境的钢铁制品会对信号分布造成影响，抗干扰性极弱。

6. Wi-Fi 室内定位

Wi-Fi 是基于 IEEE 802.11 标准的无线局域网，主要运行在 2.4GHz 频段，可以实现超过 1Gbit/s 的吞吐量。AP（Access Point，接入结点）用于发射无线信号。Wi-Fi 室内定位技术，使用多个 Wi-Fi AP 来确定目标在一个区域内的位置。基于位置指纹的定位方法是目前主流的 Wi-Fi 定位方法，在不知道 AP 确切位置的情况下，位置指纹定位方法不需要距离或角度测量，有效降低了多径传播和非视距对定位精度的影响。典型的 Wi-Fi 定位系统有 RADAR 系统和 Horus 系统。Wi-Fi 定位不需要额外的硬件设备，当前，智能手机、平板电脑、笔记本电脑和智能可穿戴设备均具有 Wi-Fi 网络功能，定位成本低，有利于商业化和推广。

2.3.3 室内定位方法

室内定位相比于室外定位起步更晚，随着 1996 年美国联邦政府 E911 法案的颁布，正式揭开室内定位的序幕。目前的室内定位方法主要有基于几何关系的方法和基于位置指纹的方法。基于几何关系的方法，通过待定位目标与信号发射器之间的几何关系进行定位，如距离或角度关系，依据测量值的不同，可以细分为基于到达时间（TOA）的方法、基于到达时间差（TDOA）的方法、基于到达角（AOA）的方法和接收信号强度值（RSSI）的室内定位方法。

1. TOA 定位方法

信号传播速度与光速相同，依据 TOA 可以得到目标与发射器之间的距离，通过三边定位法，待定位目标将处于以信号发射器位置为圆心，以两者之间物理距离为半径的圆上。两个圆会存在两个交点，无法唯一确定目标位置，必须对至少三个信号发射器的信号进行 TOA 测量，三个圆的交点即为待定位目标的位置，如图 2-28 所示。

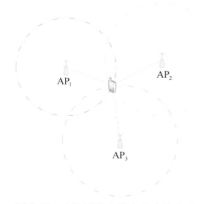

图 2-28 基于 TOA 的室内定位方法原理

基于 TOA 的定位方法存在两个问题。首先，要求系统中的所有发射器和接收器必须保证精确的时间同步，这需要在 AP 上进行硬件或软件修改，需要使用一组测量到达时间的传感器，来测量 TOA，增加了定位成本。其次，必须在传输信号中标记时间戳，以便测量单元识别信号已经传播的距离。

2. TDOA 定位方法

通过测量信号从各发射端到达接收端的时间差，换算为距离差进行定位。待定位目标将处于以信号发射端为焦点，以两者之间物理距离差为实轴的双曲线上，两条双曲线的交点即为待定位目标的位置坐标，定位原理如图 2-29 所示。

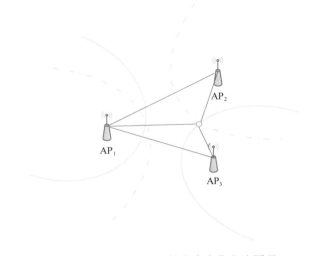

图 2-29　基于 TDOA 的室内定位方法原理

与 TOA 方法不同，基于 TDOA 的定位方法，在发射器和接收器之间不需要同步，只需要发射器之间时间同步。

3. AOA 定位方法

基于到达角（AOA）的方法在接收器侧使用天线阵列，通过利用和计算到达天线阵列各个元件的时间差，估计发射信号撞击接收器的角度，定位原理如图 2-30 所示。

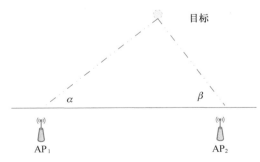

图 2-30　基于 AOA 的室内定位方法原理

将待定位目标的位置坐标设为 (x_t, y_t)，信号发射器的位置坐标全部已知，设为 (x_i, y_i)，$i=1,2$。目标与两个信号发射器的入射角分别是 α 和 β，求解下式可得目标位置。

$$\begin{cases} \tan\alpha = \dfrac{x_t - x_1}{y_t - y_1} \\ \tan\beta = \dfrac{x_t - x_2}{y_t - y_2} \end{cases} \tag{2-1}$$

基于 AOA 的室内定位方法，不需要目标与 AP 之间严格的时间同步，但需要复杂的硬件和仔细的校准，对信号接收器和发射器有较高的要求，需要使用一组测量角度的传感器，来测量到达角。在目标与信号接收器距离较近时，天线阵列的方向感知精度高，定位精度高，但精度会随着信号发射器和待定位目标之间物理距离的增加而下降，不适合大规模的复杂室内定位环境。

4. RSSI 定位方法

基于 RSSI（Received Signal Strength Indicator，接收信号强度）的方法是迄今为止研究最充分的方法。这组方法的思想是以接收信号强度的值为特征，构造距离或空间位置的函数。该方法的优点是，即使硬件技术升级，也不会影响该方法的使用。

目标与发射器之间的距离影响 RSSI 的强度，RSSI 与距离的关系遵循距离耗损模型，可以通过将 RSSI 转换为距离进行定位，找到 RSSI 与距离之间精准的映射函数是实现 RSSI 定位的关键。不需要在 AP 上进行硬件或软件修改，但由于室内环境复杂，噪声混入其中，RSSI 存在随机性和波动性，导致换算的距离与真实距离存在一定误差，影响定位精度。RSSI 定位方法适合应用于信号可以视距传播的定位环境中。

由于环境中阻挡物的存在，接收信号的强度受到影响，有时候表现为信号强度加大，有时候则是减弱。通过对某一个环境进行多次实测，得到这一环境下的传播距离和路径损耗的关系，并且归纳出"距离-损耗"模型，一般形式如下：

$$P = P_0 + 10n\log\frac{d}{d_0} + \zeta \tag{2-2}$$

式中 d_0——参考距离；

       P_0——距离为 d_0 时的接收到的信号强度；

       d——真实距离；

       ζ——遮蔽因子，是均值为 0 均方差 σ_{dB} 的正态随机变量；

       P——接收信号强度；

       n——路径损耗系数。

5. 位置指纹定位方法

位置指纹定位方法又称为场景定位方法，具体定位原理和过程将在 Wi-Fi 位置指纹定位中进行介绍，位置指纹定位方法不需要距离或角度测量，避免了在复杂环境中直接对信号模型进行建模，有效降低了多径传播和非视距对定位精度的影响，从而使其应用于室内定位研究的可行性很高。

2.3.4 Wi-Fi 位置指纹定位

Wi-Fi 具有目前世界上部署最广泛的室内无线网络基础设施，在机场、商场和办公楼等场所均具有 Wi-Fi 网络，同时智能手机、平板电脑、笔记本电脑和智能可穿戴设备都配备了 Wi-Fi 无线网卡智能硬件，使用 Wi-Fi 技术进行室内定位可以基于现有的无线基础设施，无需安装专用且昂贵的硬件，例如定制收发器、天线和电缆，或监控摄像头等侵犯隐私的设备，Wi-Fi 指纹室内定位算法的研究具有重要的意义和价值。

1. 定位原理

Wi-Fi 是一种高速的无线通信技术，第一个版本于 1997 年发布，遵循 IEEE 802.11 标准，具有带宽高、传输速度快、成本低、覆盖范围广和部署方便等特点，被各种机构和个人广泛部署于不同的环境中，如机场、商场、办公楼等场所，是目前世界上部署最广泛的室内无线网络基础设施。Wi-Fi 主要有 6 种工作模式，即 STA 工作模式、Monitor 工作模式、WDS 工作模式、AP 工作模式、Ad-hoc 工作模式和 Mesh 工作模式。其中 STA 工

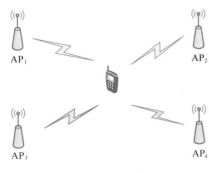

图 2-31　AP 工作模式

作模式是 Wi-Fi 默认的工作模式，AP 工作模式是基于 Wi-Fi 技术的室内定位方案使用的主要工作模式。如图 2-31 所示，在 AP 工作模式中，AP 作为主设备，负责信号覆盖和通信，管理控制 STA，形成无线网络。

对在建筑中布设的 AP 进行编号 AP_1，AP_2，……，AP_n，在参考点用智能终端对环境中的 AP 信号进行扫描，可以获得来自不同 AP 的信号以及对应 AP 的 MAC 地址，用 RSSI 来代表接收信号强度值，Wi-Fi 信号在传播时会产生路径损耗，信号的能量随着距离的增加而减少，Wi-Fi 信号遵循距离损耗模型，随着信号传播过程其覆盖区域，每个位置都会对应唯一的一组 RSSI 向量，组成 AP 信号强度向量（$RSSI_1$，$RSSI_2$，……，$RSSI_n$），不同位置会接收到不同的 RSSI 向量。利用 RSSI 向量与位置信息的一一映射关系进行定位。这种对应关系类似于人类的指纹对应关系，可以作为唯一标识。可以通过待测目标接收到的 RSSI 向量预测实际地理位置。

2. 定位过程

基于 Wi-Fi 的位置指纹定位分为两个阶段：离线采集阶段和在线匹配阶段，定位过程如图 2-32 所示。在离线采集阶段，采集环境中参考点（RP）的位置指纹，构建定位环境的位置指纹地图；在在线匹配阶段，实时检测目标的位置指纹，经典的指纹定位算法使用在线采集的位置指纹，与指纹地图中已知位置信息的指纹进行匹配，用于估计目标的位置。

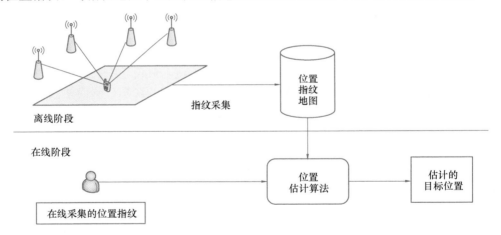

图 2-32　位置指纹法定位过程

3. 确定性定位算法

确定性位置指纹法，是一种比较简单的匹配算法，考虑到相邻采样点的相似性，最早被应用到 RADAR 定位系统中，包括最近邻定位算法、K 近邻定位算法和加权 K 近邻定位算法。

最近邻（Nearest Neighbor，NN）定位算法。移动终端在室内环境中扫描各个 AP 的信号，构成 RSSI 向量，计算此 RSSI 向量与所有指纹之间的差异性，研究中多以欧几里德距离作为衡量标准，简称欧式距离，计算公式如下：

$$\text{dist}(RSSI, FP) = \sqrt{\sum_{i=1}^{n}(RSSI_i - FP_i)^2} \tag{2-3}$$

式中　$RSSI_i$——移动终端实时测量的信号强度向量中来自第 i 个 AP 的信号强度值；

　　　　FP_i——数据库中的指纹来自第 i 个 AP 的信号强度值。直接将与移动终端距离值最
小的指纹对应的位置作为定位的结果，难以对移动终端进行精确定位。

K 近邻（K Nearest Neighbor，KNN）定位算法是由最近邻法改进而来的，采用欧式
距离计算方法，计算移动终端与指纹数据之间的欧式距离，按照距离值的大小，依次从小
到大进行排序，选择最近的 K（$K>2$）个指纹对应的采集参考点，求解各 RP 坐标的平
均值，以此作为定位目标的坐标点。(x, y) 表示移动终端待定位点的坐标，(x_i, y_i) 表
示第 i 个离待测点最近的指纹采集参考点坐标，计算公式如下：

$$(x, y) = \frac{1}{K}\sum_{i=1}^{K}(x_i, y_i) \tag{2-4}$$

加权 K 近邻（Weight K Nearest Neighbor，WKNN）定位算法是在 KNN 定位算法
的基础上改进而来的。在现实的室内环境中，采集参考点与待定位点距离之间的距离越
大，由此求解的定位误差越大。因此，WKNN 定位算法在对待定位点进行估算时，并不
是直接选取最相近的 K 个指纹对应的采集参考点求平均值。WKNN 定位算法考虑将两者
之间的距离加入范围为 0～1 的距离权重参数，与待定位点距离越大的参考点所占的距离
权重越小，加权系数值越小，反之，加权系数则越大。在求解 KNN 的基础上，对其进行
加权之后再求和，计算公式如下：

$$(x, y) = \sum_{i=1}^{K}\frac{\dfrac{1}{D_i}}{\sum\limits_{i=1}^{K}\dfrac{1}{D_i}} \times (x_i, y_i) \tag{2-5}$$

式中　D_i——第 i 个指纹采集参考点与移动终端待定位点之间的欧式距离。

WKNN 定位算法很好地弥补了最近邻定位算法和 KNN 定位算法的不足，但是 K 值
的选定主要依靠研究人员的经验。对于大型的室内定位指纹数据库而言，KNN 与 WKNN
计算量较大，若指纹数据库的指纹样本不平衡时，将可能导致定位结果产生较大的偏差。

4. 概率性定位算法

概率性定位算法是目前基于 Wi-Fi 位置指纹定位中的研究热点，包括朴素贝叶斯法、
最大似然概率法、核函数法、支持向量回归法等。AP 的发送信号强度虽然不变，但接收
到的信号强度往往不是稳定的，准确记录各值出现的概率能充分反映实际环境的变化。概
率性定位算法大多是基于各种概率论与数理统计的方法来处理 RSSI 信号接收过程中带来
的信息不确定性，将一定时间内接收信号强度的概率分布特征保存在指纹数据库中。与确
定性定位算法相比，概率性定位算法具有较好的抗噪声性能，可极大地去除信号中的噪
声，具有较高的定位精度，并且该方法原理简单，易于实现。

朴素贝叶斯法是一种概率性的匹配算法。按照贝叶斯公式计算各个指纹库中各个样本
点的后验概率，并将后验概率最大的样本点的位置坐标作为目标节点的位置坐标。计算公
式如下：

$$p(L_i \mid RSSI) = \frac{p(RSSI \mid L_i) \times p(L_i)}{p(RSSI)} = \frac{p(RSSI \mid L_i) \times p(L_i)}{\sum_{k \in L} p(L_k, RSSI) \times p(L_k)} \qquad (2\text{-}6)$$

式中 $RSSI$——实时定位阶段，待定位目标点接收到的来自各个 AP 的 $RSSI$ 向量；

    L_i、L_k——参考点的位置坐标；

    $p(L_i)$——在定位区域上 L_i 位置处的先验概率，因为用户在定位区域上的所有位置出现的可能性相同，所以一般认为 $p(L_i)$ 服从均匀分布；

  $p(RSSI \mid L_i)$——在某个已知位置处对应实时 RSSI 向量的条件概率。但是朴素贝叶斯法对于缺失的贝叶斯概率，算法的计算量也随之增大，对于高维数据的映射解释能力也不强，RSSI 信号比较敏感，随着定位区域的增加难以适用于大范围的室内定位区域，以及它的定位精度有所欠缺。

最大似然概率法，该匹配算法的定位精度高，定位鲁棒性好，但计算量远远大于 K 近邻定位算法。利用接收信号的概率分布信息，在每个参考点根据实际测量数据拟合出每个参考点的接收信号概率分布函数。一般认为用户在各个参考点具有均匀分布的先验概率，假设共有 N 个参考点，也就是说 $p(L_i) = 1/N$，在线定位阶段 $p(RSSI)$ 是固定常数。这样就可以用最大似然概率准则代替最大后验概率准则。将具有最大似然概率的参考点位置估计为待定位目标的位置：

$$L = \max_{L_i} p(RSSI \mid L_i) \quad i = 1, 2, 3, \cdots\cdots, N \qquad (2\text{-}7)$$

在计算出样本的均值和方差的基础上，可用高斯分布函数拟合固定参考点处的信号分布。假设各个 AP 的信号是独立的，共有 m 个 AP。

$$p(RSSI \mid L_i) = \prod_{k=1}^{m} p(RSSI^k \mid L_i) \qquad (2\text{-}8)$$

式中 $RSSI^k$——来自第 k 个 AP 的信号强度。

5. 学习型定位算法

BP 神经网络算法是目前人工神经网络应用到 Wi-Fi 室内定位的主要算法。基于并行网络结构的 BP 神经网络，由一层或者多层隐含层、输入和输出层组成，通过作用函数将隐节点的输出信号传递到输出节点，最后输出结果。Kolmogorov 定理已经充分证明了 BP 神经网络具有非常强大的泛化功能和非线性映射能力，利用三层网络可以实现任意连续函数或者映射。一个典型的具有输入层、输出层和隐含层的 BP 神经网络模型如图 2-33 所示。

BP 神经网络算法把一组样本的输入、输出问题转化成了一个非线性优化问题，并将最普遍的梯度下降法用于问题优化。通过加入隐节点来增加优化问题的可调参数，从而获得更优的解。其算法的基本思想是从输出层就开始计算训练样本的误差，然后逐层

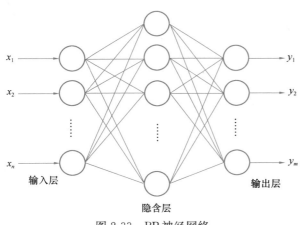

图 2-33 BP 神经网络

反向传递并且不断修正权系数矩阵，以达到神经网络系统的优化目的。BP 神经网络算法应用于位置指纹定位，计算简单，可扩展性强。但 BP 神经网络算法收敛速度慢，容易陷入局部极小点，从而限制其实际应用。BP 神经网络算法是比较简单的一种神经网络算法，除此之外的深度神经网络、卷积神经网络和时域卷积神经网络等神经网络算法在解决室内定位问题的研究也在逐渐增多。

2.3.5 对 Wi-Fi 位置指纹定位技术的改进

基于 Wi-Fi 的指纹室内定位算法是目前室内定位领域的研究热点，该算法的主要思想是遍历指纹库中存储的指纹与当前待定位点扫描到的信号强度向量进行匹配定位。为了提高该算法定位的实时性和定位精度，主要发展趋势是在以下三个方面对定位算法进行改进。第一个改进方向是降低 Wi-Fi 信号的波动，在室内环境中，由于多径效应、阴影效应的影响，Wi-Fi 信号强度变得不稳定，这种信号的不稳定性会对定位精度造成影响，利用滤波方法降低 Wi-Fi 信号的波动；第二个改进方向是优化指纹库，指纹库的优劣是影响定位精度的因素之一，在定位算法中加入指纹库的优化管理可以减少匹配项、增加定位精度；第三个改进方向是优化匹配算法，指纹匹配算法的优劣是影响定位精度的因素之一，对匹配算法进行优化可以增加定位的精度。

1. Wi-Fi 信号滤波

利用均值滤波方法对 Wi-Fi 进行过滤，以减少信号采样的误差，减少实际定位环境存在障碍物、多径效应和绕射等因素造成的不利影响，有效减少采集数据瞬时波动造成的影响。通过对参考节点信号强度进行采样分析，对于同一个节点接收到的多个 RSS（Received Signal Strength，接收的无线信号强度）样本进行高斯滤波，误差是小概率事件，截取高概率区域的样本数据，进行均值计算，进一步降低测量误差，提高定位精度，能够平滑 RSS 数据，具有滤除重大误差的优点。法希姆·扎法里等提出了粒子滤波器-扩展卡尔曼滤波器（PFEKF）级联算法，该算法将 PF 和 EKF 串联在一起，以减少多径效应和噪声对 RSS 的影响。

2. 指纹库优化管理

在典型的室内定位系统中，定位计算是在具有有限处理能力和有限电源的电池供电设备上进行。因此，将计算复杂度较低的算法用于室内定位。另外，基于 Wi-Fi 的定位系统应设计为同时支持大量用户，以与庞大的 Wi-Fi 用户群兼容。轻量级算法加快了位置查找过程，因此可以容纳更多的用户。但是，基于指纹的定位算法需要在移动目标测量的 RSS 与预存储的 RSS 样本之间进行详尽的匹配，以找到最佳匹配。在基于 Wi-Fi 指纹的室内定位算法中，将待定位点的接收信号强度向量与指纹库（即位置指纹地图）中的指纹逐一进行匹配，计算复杂，时间成本高，使用聚类技术对指纹库进行优化管理，以进一步降低指纹算法的复杂性，提高定位的实时性，同时，由于无线电传播的特性，Wi-Fi 信号会受到时间变化的影响，这会导致离线阶段和在线阶段之间产生一些差异。使用聚类技术有助于减轻 RSS 偏差引起的定位精度下降。

3. 匹配算法优化

在 Wi-Fi 室内定位算法的在线匹配阶段，由于 K 近邻定位算法具有算法简单、易于实现的特点，受到广泛青睐。对于 KNN 定位算法，研究人员对聚焦在权值分配和自适应

K 值进行改进。主要思想是在对待定位点进行估算时，不直接选取最近的 K 个指纹对应的采集参考点求均值，而是在这 K 个指纹的对应的采集参考点进一步处理，可以对 K 个参考点的位置进行几何分析，计算出中心点，按照距离中心点的远近，去掉其中较远距离的点，将与中心的距离作为权重，范围为 $0\sim1$，距离越远权重越小，计算出待定位点的位置。其中几何分析可以进行多次，直到获得近似圆形的几何图案。

2.3.6　室内定位技术的应用

1. 室内位置服务

在大型商超、机场、酒店、博物馆、会展中心等大型室内场景中得到了应用。在布局比较复杂的大型超市中，用户能够查找感兴趣商品的所在位置；在大型购物商场，用户也可以查找想要去的店铺和娱乐场所，同时商家也可以针对性地进行广告推送，供个性化营销；在博物馆或会展中心，室内定位也可以方便地提供定位导航服务。

2. 公共安全

室内定位在应急救援、消防、安全执法等方面具有重要作用。当发生地震、火灾等紧急事件时，救援的必要条件是快速确定人员位置。特别是当建筑物由于紧急事件布局发生变化时，凭借经验很难快速定位人员位置。室内定位技术可以为救援提供强有力的技术支持，更好地保障救援人员和受困人员的安全，更快地开展有效救援。

3. 人员物品管理

室内定位可以为特殊人群如学生、病人、犯人等提供室内的定位监护服务。具体来说，为学生父母提供学生的到校情况；为公司员工提供签到服务；为监狱提供犯人活动情况汇报；为幼儿园设立电子围栏提供实时监护。同时，室内定位也可以为仓储提供物品的定位服务，方便物品的防盗、整理、运输，提供全程的位置记录。

4. 智能交通

室内定位技术结合传统定位技术可提供室内外无缝定位导航服务，可为车辆提供从道路到停车场的全程导航服务，同时也解决了大型复杂地下停车场的寻车难题。

5. 安全医疗

在医院，对医务人员和病人进行位置跟踪也变得越来越重要。聚美物联在华山医院实现婴儿防盗，芜湖第二人民医院实现移动医疗设备定位，镇江第四人民医院实现精神病患者定位。美国梅奥诊所和波士顿儿童医院已经开始了患者导医试点，患者在挂号窗口下载医院的导航应用之后能够轻松找到相关科室、病房，实时查询当前就诊排队状况，访问健康记录，就诊后进行点评，设置重要信息提醒等。

2.4　计算机视觉技术

2.4.1　计算机视觉概述

计算机视觉（Computer Vision，CV）是人工智能（Artificial Intelligence，AI）的一个领域，是指让计算机和系统能够从图像、视频和其他视觉输入中获取有意义的信息，并根据该信息采取行动或提供建议。如果说人工智能赋予计算机思考的能力，那么计算机视觉就是赋予其发现、观察和理解的能力。

计算机视觉包含四大基本任务，即分类（Classification）、定位检测（Detection）、语义分割（Semantic Segmentation）和实例分割（Instance Segmentation），其他关键任务都是在这四项基本任务的基础上延伸开来的。

图 2-34　计算机视觉领域四大基本任务示例图
(a) 分类；(b) 定位检测；(c) 语义分割；(d) 实例分割

1. 分类

分类，解决"是什么"的问题，即给定一张图片或一段视频，判断里面包含什么类别的目标，将图像结构化为某一类别的信息，用事先确定好的类别或实例 ID 来描述图片。图像分类要求输出给定图片里含有哪些分类，例如在图 2-34 (a) 中的分类有人、羊和狗三种。分类任务是目标检测、图像分割、目标跟踪、行为分析、人脸识别等其他高层视觉任务的基础，也是深度学习模型最先取得突破和实现大规模应用的任务。

2. 定位检测

定位，解决"在哪里"的问题，即定位出这个目标的位置，通常采用包围盒（Bounding Box）的形式。

检测，解决"是什么，在哪里"的问题，即定位出这个目标的位置并且知道目标物是什么。分类任务关心整体，给出的是整张图片的内容描述，而检测则关注特定的物体目标，要求同时获得这一目标的类别信息和位置信息。相比分类，检测给出的是对图片前景和背景的理解，我们需要从背景中分离出感兴趣的目标，并确定这一目标的描述（类别和位置），因而，检测模型的输出是一个列表，列表的每一项使用一个数据组给出检出目标的类别和位置 [常用矩形检测框的坐标 (x, y, w, h) 表示]，如图 2-34 (b) 所示。

3. 分割

分割，是对图像的像素级描述，解决"每一个像素属于哪个目标物或场景"的问题，它赋予每个像素类别（实例）意义，适用于理解要求较高的场景。分割包括语义分割

(Semantic Segmentation)和实例分割（Instance Segmentation），前者是对前景分离的拓展，要求分离开具有不同语义的图像部分，而后者是检测任务的拓展，要求描述出目标的轮廓（相比检测框更为精细）。语义分割不区分属于相同类别的不同实例。例如，当图像中有多只羊时，如图 2-34（c）所示，语义分割会将五只羊整体的所有像素预测为"羊"这个类别，而实例分割需要区分出哪些像素属于具体哪一只羊，如图 2-34（d）所示。

2.4.2　图像处理与分析

　　图像处理是计算机视觉的基础技术之一，它涉及将图像转换为数字信息，进行处理和分析，以实现人工智能系统的各种视觉任务。在图像处理领域，图像分为模拟图像和数字图像两种。模拟图像：像纸质照片、电视模拟图像等，这种通过某种物理量（如光、电等）的强弱变化来记录图像亮度信息的图像。大部分模拟图像可以理解成大自然中直接观测到的图像。对于模拟图像来说，在空间分布和亮度取值上均为连续分布。数字图像：是用一个数字阵列来表达客观物体的图像，是一个离散采样点的集合，每个点具有其各自的属性。相对于模拟图像，数字图像在空间分布和亮度取值上均为离散的。

　　1. 数字图像表示和处理

　　自然界的图像是模拟形式的，计算机无法直接处理，需要将自然界中的图像进行数字化处理之后，再传给计算机来处理。数字化就是将模拟图像转化为数字图像的过程，包括扫描、采样、量化三个步骤。采样就是对图像空间的离散化处理，将图像分成一个一个的小像素，而量化就是对图像幅值的离散化处理，使图像像素的数值与有限数值范围中的某一个相对应。而采样点数和量化级数会直接影响分辨率，采样点数越多，量化级数越高，则图像分辨率越高，图像越清晰，但存储图像所需要的空间也就越大，这需要根据不同的情况来选择不同的分辨率，例如，微信等软件发送图片时便可自己选择原图或者是压缩后的图片。

　　（1）数字图像表示

　　图像数字化之后在计算机中其实就是一个二维数字矩阵，阵列中的元素称为像素（Pixel）。像素（或像元）是数字图像的基本元素。每个像素具有整数行（高）和列（宽）位置坐标，同时每个像素都具有一个整数值。按照每个像素所代表信息的不同，通常可以将数字图像表示为以下三种形式：

　　1）二值图像（Binary Image）

　　一幅二值图像的二维矩阵仅由 0、1 两个值构成，"0"代表黑色，"1"代表白色。由于每一像素（矩阵中每一元素）取值仅有 0、1 两种可能，所以计算机中二值图像的数据类型通常为 1 个二进制位。二值图像通常用于文字、线条图的扫描识别（OCR）和掩膜图像的存储。

　　2）灰度图像（Gray Scale Image）

　　灰度图像也只有一个通道，像素值数值越大则图片越白。

　　灰度图像通常是在单个电磁波频谱（如可见光）内测量每个像素的亮度得到的，用于显示的灰度图像通常用每个采样像素 8 位的非线性尺度来保存，这样可以有 256 级灰度，即每个像素点的取值范围为［0，255］（如果用 16 位，则有 65536 级）。"0"表示纯黑色，"255"表示纯白色，中间的数字从小到大表示由黑到白的过渡色。

3）彩色图像（Color Image）

彩色图像的颜色空间一般由三个通道组成。其中最常用的是 RGB 颜色空间。在 RGB 颜色空间中，图像的每个像素由三原色红（R）、绿（G）、蓝（B）三个分量组成，每个颜色分量的取值范围为 0 到 255。其他常用的颜色空间包括 HSV、Lab 等。不同的颜色空间可以在特定应用场景下提供更合适的表示方式。

在图像处理领域，除了表示图像的二维数组外，还有一些其他常用的表示方法。例如，基于网格的数据结构（如三角网格）可以用于图像的三维重建和形状分析。另外，基于向量、光流场等的特征表示方法可以用于图像的跟踪和目标检测，这些方法也在实时视频处理和计算机视觉等领域中得到了广泛的应用。

（2）数字图像处理

数字图像处理（Digital Image Processing）是通过计算机对图像进行去除噪声、增强、复原、分割、提取特征等处理的方法和技术。又称为计算机图像处理，它是指将图像信号转换成数字信号并利用计算机对其进行处理的过程。图像处理和分析是计算机视觉领域的重要组成部分，它涉及从图像中提取有用的信息、特征和模式，以及对图像进行理解和解释。

图像处理工具主要分为两类：通用图像处理软件和编程库。通用图像处理软件可以对图像进行交互式编辑，例如 Adobe Photoshop、GIMP 等。编程库则提供了 API，使得开发者可以通过编程的方式实现图像处理功能，例如 OpenCV、Pillow 等。OpenCV 是一个广泛使用的跨平台的编程库，它提供了一系列的图像处理和计算机视觉算法。Pillow 是 Python 的第三方图像处理库，支持大多数图像格式、颜色空间和基本操作，非常适合像素级图像处理。其他的常用编程库还包括 TensorFlow、PyTorch 等。

2. 图像滤波和增强

随着计算机视觉技术的快速发展，图像增强作为其中一个重要的环节，在图像质量改善和信息提取方面扮演着关键角色。图像增强是指通过一系列的算法和技术，对图像进行处理以改善图像的质量、增强图像的细节以及提高图像的对比度。在计算机视觉算法中，有许多图像增强方法可供选择。以下是几种常用的图像增强方法：

灰度拉伸（Histogram Stretching）：灰度拉伸是一种简单而常用的图像增强方法，通过将图像的像素值进行线性拉伸，扩展图像的对比度范围，使图像中的细节更加明显。

直方图均衡化（Histogram Equalization）：直方图均衡化通过重新分布图像的像素值，使得各个灰度级在图像中的分布更加均匀，从而提高图像的对比度和细节。

滤波（Filtering）：滤波是一种通过卷积运算的方式对图像进行增强的方法。常用的滤波器包括均值滤波器、高斯滤波器等，它们可以平滑图像、去除噪声等。

图像增强在计算机视觉领域中具有重要的意义，主要体现在以下几个方面：

目标检测和识别：图像增强可以提高图像的清晰度和对比度，使得目标在图像中更加明显和可见，从而提高目标检测和识别的准确性。

图像分析和理解：通过增强图像的细节和对比度，可以更好地分析和理解图像中的内容，为后续的图像处理和分析提供更准确的数据。

医学影像：在医学领域中，图像增强可以帮助医生更好地观察和分析病灶，提高诊断的准确性。

图像复原：对于受到噪声、模糊或其他原因造成失真的图像，通过图像增强可以恢复图像的原始细节和清晰度，从而提供更准确的信息。

3. 图像的分裂、归并、分割

图像分割就是把图像分成若干个特定的、具有独特性质的区域并提出感兴趣目标的技术和过程。它是由图像处理到图像分析的关键步骤。现有的图像分割方法主要分为以下几类：基于阈值的分割方法、基于区域的分割方法、基于边缘的分割方法以及基于特定理论的分割方法等。从数学角度来看，图像分割是将数字图像划分成互不相交的区域的过程。图像分割的过程也是一个标记过程，即把属于同一区域的像素赋予相同的编号。

区域生长和分裂合并法是两种典型的串行区域技术，其分割过程后续步骤的处理要根据前面步骤的结果进行判断而确定。

区域生长：区域生长的基本思想是将具有相似性质的像素集合起来构成区域。具体先在每个需要分割的区域找一个种子像素作为生长的起点，然后将种子像素周围邻域中与种子像素有相同或相似性质的像素（根据某种事先确定的生长或相似准则来判定）合并到种子像素所在的区域中。将这些新像素当作新的种子像素继续进行上面的过程，直到再没有满足条件的像素可被包括进来。这样一个区域就长成了。相似性准则，制定让生长停止的条件或准则。相似性准则可以是灰度级、彩色、纹理、梯度等特性。选取的种子像素可以是单个像素，也可以是包含若干个像素的小区域。大部分区域生长准则使用图像的局部性质。生长准则可根据不同原则制定，而使用不同的生长准则会影响区域生长的过程。区域生长法的优点是计算简单，对于较均匀的连通目标有较好的分割效果。它的缺点是需要人为确定种子点，对噪声敏感，可能导致区域内有空洞。另外，它是一种串行算法，当目标较大时，分割速度较慢，因此在设计算法时，要尽量提高效率。

区域分裂合并：区域生长是从某个或者某些像素点出发，最后得到整个区域，进而实现目标提取。分裂合并差不多是区域生长的逆过程：从整个图像出发，不断分裂得到各个子区域，然后再把前景区域合并，实现目标提取。分裂合并的假设是对于一幅图像，前景区域由一些相互连通的像素组成的，因此，如果把一幅图像分裂到像素级，那么就可以判定该像素是否为前景像素。当所有像素点或者子区域完成判断以后，把前景区域或者像素合并就可得到前景目标。在这类方法中，最常用的方法是四叉树分解法。设 R 代表整个正方形图像区域，P 代表逻辑谓词。基本分裂合并算法步骤如下：

（1）对任意一个区域，如果 $H(R_i)$ ＝FALSE，就将其分裂成不重叠的四等份。

（2）对相邻的两个区域 R_i 和 R_j，它们也可以大小不同（即不在同一层），如果条件 $H(R_i \bigcup R_j)$ ＝TRUE满足，就将它们合并起来。

（3）如果进一步地分裂或合并都不可能，则结束。分裂合并法的关键是分裂合并准则的设计。

这种方法对复杂图像的分割效果较好，但算法较复杂，计算量大，分裂还可能破坏区域的边界。

2.4.3　特征提取与描述

在计算机视觉中，图像特征是指从图像中提取出的一些有意义的信息，如边缘、角点、颜色等。通过对图像特征的提取和描述，可以将图像转换为可处理的数字形式，从而使计算机能够理解和处理图像。

1. 特征提取

图像特征提取可以视为广义上的图像变换，即将图像从原始属性空间转化到特征属性空间。图像特征提取过程是指对图像包含的信息进行处理和分析，并将其中不易受随机因素干扰的信息，作为图像的特征提取出来，进而实现将图像的原始特征，表示为一组具有明显的物理意义或统计意义的数字特征。图像特征提取之后，通常还会伴随图像特征的选择。图像特征选择过程是去除冗余信息的过程，其具有提高识别精度、减少运算量、提高运算速度等作用。

图像特征提取根据其相对尺度，可分为全局特征提取和局部特征提取。全局特征提取关注图像的整体表征。常见的全局特征包括颜色特征、纹理特征、形状特征、空间位置关系特征等。局部特征提取关注图像的某个局部区域的特殊性质。关键点检测与描述子生成就属于局部特征提取的两个步骤。关键点检测是找到所有像素点中对某种函数响应值比较高的像素点，即具有不变性、可重复性和区分性的特殊点，利用这些像素点标记图像中的特殊区域，然后通过描述子的构建将关键点周围的图像块信息转换成数字特征，生成特征向量，用以和其他区域进行区分。一幅图像中往往包含若干个兴趣区域，从这些区域中可以提取出数量不等的若干个局部特征。和全局特征提取过程相比，局部特征提取过程首先需确定要描述的兴趣区域，然后再对兴趣区域进行特征描述。

图像特征提取还可以分为底层特征提取和高层语义特征提取。高层语义特征提取通常关注语义层次的特征，如识别任务中的人类识别、图像分类等。底层特征提取通常关注图像的颜色、纹理、形状等一般特征。底层特征提取很少关注图像的语义信息，通过底层特征提取获得的信息一般比较普遍。

高层语义特征提取通常需要关联语义，如人脸识别中很多语义特征与人脸的部件相关，这能够反映图像中是否存在某类对象。高层语义特征提取以底层特征提取为基础，辅以模式识别等方法，建立语义关联，进而形成语义特征。深度学习的出现为语义特征提取提供了新的思路，实现了底层特征提取和高层语义关联之间的衔接，极大地提升了图像语义分析的效果。

2. 特征匹配和对齐

特征对齐，首先提取两幅图像各自的特征点，对两幅图像的特征点集进行匹配，得到最优匹配，再利用仿射变换、透视变换等优化两幅图像之间的对应关系，从而求得变换参数，最终可利用最优化参数，将其中一幅图像变形为与另外一幅图像同样的空间布局，从而可实现诸如多张图像融合、超分辨率放大、图像拼接、目标识别等效果。

2.4.4 目标检测与跟踪

1. 目标检测

目标检测，也叫目标定位监测，作为计算机视觉领域四大基本任务之一，其基本实现形式是将图像或者视频中人们感兴趣的物体用矩形方框框选出来（定位），并对框中的物体进行识别，即解决"定位＋识别"问题，如图2-35所示。

视频目标检测（Video Object Detection，VOD）是图像目标检测在视频领域的自然延伸，旨在通过联合识别对象和估计位置来检测多个视频帧中的对象，因为视频的本质还

图 2-35　目标检测任务示例

是连续的图像，视频目标检测的基本原理与图像目标检测是一样的。视频数据由大量连续图像组成，数量多，相邻图像之间的像素变化较小，存在大量的冗余信息。

相对于图片目标检测，视频目标检测最大的特点就是增加上下文的信息，视频的每一帧图片有上下文的连接对应关系和相似性。充分利用好时序上下文关系，可以解决视频中连续帧之间的大量冗余的情况，提高检测速度；还可以提高检测质量，解决视频相对于图像存在的运动模糊、视频失焦、部分遮挡以及奇异姿势等问题。

视频目标检测任务中最大的困难就是如何保持视频中目标的时空一致性。众所周知，视频是由多个有序列关系的图像组成的，该序列关系是一种时间的序列关系，因此其中的目标如果在运动，那么空间位置以及其自身的属性也会发生变化，而且这种变化与时间存在紧密的关系，但即使发生了变化，每一帧的发生变化的目标还是属于同一个目标，这就叫作时空一致性。

目标检测算法的发展主要分为两个时期：传统目标检测算法时期（1999～2012 年）和基于深度学习的目标检测算法时期（2012 年至今）。

2012 年，深度学习进入爆发期，深度学习解决图像分类问题的显著效果凸显，大量深度学习模型涌现。2014 年，首次将深度学习的方法用于目标检测任务当中，卷积神经网络（Convolutional Neural Networks，CNNs）的兴起将目标检测领域推向了新的台阶。由于深度学习具有自身算法适应性强、平衡精度和过检率高、可迁移学习、经验复用等独特的优势，在数据、GPU 算力的驱动下，基于深度学习的目标检测蓬勃发展。

基于深度学习的目标检测算法按照算法的流程主要分为以 R-CNN 系列算法为代表的 One-Stage 算法和以 YOLO 系列算法为代表的 Two-Stage 算法，总体来说，Two-Stage 目标检测算法一般比 One-Stage 定位准确度要高，而 One-Stage 检测速度会更快，同时也延伸出了两条技术路线：Anchor-Based 方法和 Anchor-Free 方法。

Anchor 是在正式训练之前的一系列长方形框，通常采用 K-Means 等方法从数据集上聚类得出，表征数据集中目标主要的宽高尺度分布情况，属于先验知识。早期目标检测研究以 Anchor-Based 为主，自 2015 年 Faster-RCNN 首次使用 Anchor 先验框，之后的算法大多复用 Anchor，如 Mask R-CNN，RetinaNet 等，YOLO 虽然没用 Anchor 这一概念，但后续版本 YOLOv2 和 YOLOv3 进行了使用。对于 YOLO，还有一种说法是，其中所谓的"grid"（网格）概念就是 Anchor 的概念，虽不同名但同质。

Anchor-Based 检测算法本身存在 Anchor 密集量大进而导致计算复杂的问题，加之，大量超参数时刻影响模型性能。近些年的 Anchor-Free 技术则摒弃 Anchor 来减少超参数的数量，主要通过确定关键点的方式来完成检测。在 2018 年 CornerNet 问世后，Anchor-Free 算法迅速兴起。后来又相继出现了 CenterNet、FCOS 等算法。其实 Anchor-Free 的算法在 2015 年的 DenseBox 中就被提出，在 DenseBox 提出的早些时间，著名的 Faster R-CNN 出现后，其强大的性能主导目标检测算法往 Anchor-Based 的方向发展。Anchor-Based 和 Anchor-Free 是与 Two-Stage 和 One-Stage 并行的一种划分方式。Two-Stage 和 One-Stage 检测器从来不是 Anchor-Based 的专属，现在 Anchor-Free 方法也与 Two-Stage 和 One-Stage 结合，如 FSAF 和 PP-YOLOE 等。

2017 年底，谷歌推出 Transformer 模型，利用注意力机制来提高模型训练速度，在自然语言处理（Natural Language Processing，NLP）任务上获得标志性成果，随后在 2019 年开始被应用于 CV 领域，在 2020 年时 Facebook AI 团队首次将 Transformer 模型应用于目标检测领域，如 2021 年和 2022 年的 Swin Transformer 模型及其改进版本，开启了目标检测新的研究浪潮。旷视科技于 2021 年提出的 YOLOX 算法，巧妙集成组合 YOLO 系列优秀成果，如解耦头、数据增广、标签分配、Anchor-Free 机制等，在速度和精度上构建了新的基线，组件灵活可部署，深受工业界的喜爱。2022 年 8 月，阿里云机器学习平台团队 PAI 提出 YOLOX-PAI，通过自研的 PAI-EasyCV 框架复现并优化 YOLOX 算法：替换基于 RepVGG 的高性能 Backbone，在 Neck 中添加基于特征图融合的 ASFF/GSConv 增强，在 Head 中加入任务相关的注意力机制 TOOD 结构，并结合 PAI-Blade 编译优化技术，同等精度下比 YOLOv6 加速 13%～20%；同时，提供高效简洁的模型部署和端到端推理接口，供社区快速体验使用 YOLOX-PAI 的功能。目前，YOLOX-PAI 已广泛地应用在阿里集团内外的互联网、智能零售、自动驾驶等客户场景中。

在计算机视觉领域，目标检测可以说是百花齐放，百家争鸣，在发展优化过程中，相互竞争，相互借鉴，取长补短，从理论到应用，不断改进创新、趋于完善。

2. 目标重识别

目标重识别（Object Re-ID）旨在从不同的图像集合中验证目标身份，通常是指特定目标从不同的角度或不同的照明情况或不同的姿势以及在不同的摄像机中进行采集，简单理解就是对于一个特定的目标（可能是行人、车辆、人脸或者其他特定物体），在候选图像集中检索到它，或称图像中目标的实例级检索。目标重识别是图像检索领域内的一个分支，比较常见的目标重识别任务包括行人重识别、车辆重识别和服饰重识别。

在视频监控领域，行人重识别是各大厂商重点研发的技术，利用计算机视觉技术判断图像或者视频序列中是否存在特定行人；或者说，行人重识别是指在已有的可能来源与非重叠摄像机视域的视频序列中识别出目标行人。给定一个监控行人图像，检索跨设备下的该行人图像。在监控视频中，由于相机分辨率和拍摄角度的缘故，通常无法得到质量非常高的人脸图片。当人脸识别失效的情况下，Re-ID 就成为一个非常重要的替代技术。Re-ID 有一个非常重要的特性就是跨摄像头，所以学术论文里评价性能时，是要检索出不同摄像头下的相同行人图像。

随着深度神经网络的发展和对智能视频监控需求的增加，Re-ID 中的特征表示学习已经取得了很大进展：全局特征学习，利用全身的全局图像来进行特征学习，常见的改进思路有 Attention 机制、多尺度融合等；局部特征学习，利用局部图像区域（目标部件或者简单的垂直区域划分）来进行特征学习，并聚合生成最后的目标特征表示；辅助特征学习，利用一些辅助信息来增强特征学习的效果，如语义信息（比如目标属性等）、视角信息（比如目标在图像中呈现的不同方位信息）、域信息（比如每一个摄像头下的数据表示一类域）、GAN 生成的信息（比如生成目标图像）、数据增强等；视频特征学习：利用一些视频数据提取时序特征，并且融合多帧图像信息来构建目标特征表达；特定的网络设计：利用 Re-ID 任务的特性，设计一些细粒度、多尺度等相关的网络结构，使其更适用于 Re-ID 的场景。

不同于跟踪问题，一般情况下，目标重识别系统无法得到目标的轨迹。在跟踪系统中，相似度估计（Similarity Estimation）作为数据匹配（Data Association）的标准，是一个非常重要的部分。近期，随着行人、车辆重识别技术的飞速发展，目标重识别特征也被广泛应用于跟踪问题中的外观相似度估计。

3. 目标跟踪

广义的目标跟踪通常包含单目标跟踪和多目标跟踪。简言之，前者是对连续视频画面中单个目标进行跟踪，后者是对连续视频画面中多个目标进行跟踪。

单目标跟踪（Single Object Tracking，SOT），也称为视觉目标跟踪（Visual Object Tracking，VOT），旨在当只有目标的初始状态（在视频帧中）可用时，估计未知的视觉目标轨迹。跟踪目标纯粹由第一帧确定，不依赖于任何类别。受 ImageNet 大规模视觉识别竞赛（ILSVRC）和视觉目标跟踪（VOT）挑战中深度学习突破的启发，视觉跟踪界的学者致力于提供鲁棒泛化的跟踪器，通过学习区分性目标表示来进行跟踪，例如学习干扰感知或目标感知特征，利用不同类型的深层特征，如上下文信息或时间特征/模型，对低级空间特征的全面探索，采用相关引导的注意力模块进行开发。

多目标跟踪（Multiple Object Tracking or Multiple Target Tracking，MOT or MTT），是在事先不知道目标数量的情况下，对视频中的行人、车辆、动物等多个目标进行检测并赋予 ID 进行轨迹跟踪，旨在跨视频帧关联检测到的目标，以获得整个运动轨迹。不同的目标拥有不同的 ID，以便实现后续的轨迹预测、精准查找等工作。近年来，多目标跟踪（MOT）得到了广泛的研究，从图聚类方法到图神经网络，这些算法可以跨帧和对象聚合信息；从按检测模式跟踪到联合检测和跟踪，以提高多帧的检测性能；从卡尔曼滤波到递归神经网络（RNN）和长短时记忆（LSTM），以提高与运动线索的关联性能。随着跟踪算法的发展，MOT 可以应用于许多任务，例如交通流分析、人类行为预测和姿势估计、自主驾驶辅助，甚至用于水下动物数量估计。

多目标跟踪算法已经延伸出许多框架和范式。目前，MOT 算法有很大一部分是基于检测的，即目标检测会被应用到多目标跟踪中，即 TBD（Tracking by Detection）范式。TBD 范式是指在跟踪之前，事先通过检测算法得到视频每一帧中的目标信息。即首先检测目标，然后利用数据关联的方法将当前帧的检测结果跟过往帧的跟踪对象关联起来，最终获取目标运动轨迹。目标检测的实质是分类和回归，即该跟踪方式只能针对特定的目标类型，如行人、车辆、动物，且跟踪目标的数量也由检测算法的结果来决定，无法预知，也就是说 MOT 过程包含一个独立的检测过程。这种方法性能比较依赖于检测算法的好坏。

绝大多数基于检测的 MOT 算法可划分为四个步骤：①检测；②特征提取、运动预测；③相似度计算；④数据关联。如图 2-36 所示，MOT 算法的通常工作流程如下：①给定视频的原始帧；②运行目标检测器如 Faster R-CNN、SSD、YOLOv5 等进行检测，获取目标检测框；③对于每个检测到的对象，提取出其不同的特征，通常是视觉和运动特征；④进行相似度计算，计算前后两帧中的对象属于同一目标的概率，确定其匹配程度（前后属于同一个目标的之间的距离比较小，不同目标之间的距离比较大）；⑤数据关联，为每个对象分配目标的 ID，大多涉及基于 IoU 关联（空间相似度）和基于 Re-ID 关联（外观相似度）两种处理方式。

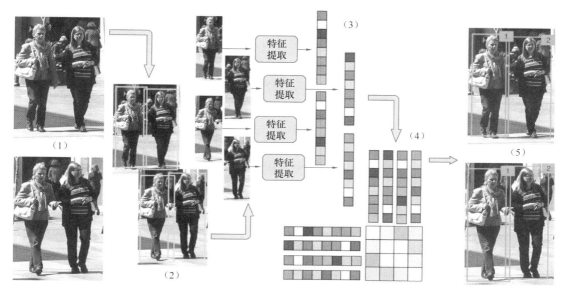

图 2-36 基于检测的 MOT 算法实现步骤

基于 TBD 范式的 MOT 算法也延伸出许多不同的类型，如果 TBD 范式的 MOT 算法利用重识别 Re-ID 来提取外观信息，那么可以进一步划分为 SDE（Separate Detection and Embedding）和 JDE（Joint Detection and Embedding）两大类，其主要区别在于是否将目标检测和 Re-ID 特征提取两个任务合并完成。即加入 Re-ID 特征后，MOT 算法有 SDE 和 JDE 两种选型。SDE 将目标检测和 Re-ID 特征提取分为两个独立网络来实现，目标检测和 Re-ID 的模型和训练数据相对独立，每部分独立优化能够取得比较高的精度，缺点就是计算量会增加；JDE 是端到端同时进行检测和 Re-ID，计算量较少，但多任务学习的精度目前来说还没有 SDE 高，依赖既有检测框又有 Re-ID 信息的视频跟踪标注。

TBD 虽然跟踪性能处于领先水平，但是模型比较复杂，计算代价较高，难以均衡算法精度与跟踪速度。与基于检测的跟踪的两阶段模式不同，联合检测与跟踪（Joint Detection and Tracking，JDT）是多个模块联合学习的单阶段跟踪算法，可以极大减轻框架的复杂度，满足跟踪的实时性要求。

根据处理模式，可将目标跟踪算法划分成 Offline 和 Online 两大类，其主要区别在于是否用到了后续帧的信息。

Offline Tracking 采用前后视频帧的信息对当前帧进行目标跟踪，利用全局信息进行数据关联，对于每一帧的预测，Offline Tracking 都能使用整个视频的信息，更容易获得一个全局最优解，可以修改以往的跟踪结果。由于 Offline Tracking 需要获取完整视频的后续处理，所以不适用于实时跟踪场景，且只适用于视频，如果应用于摄像头，则会有滞后效应，考虑到计算复杂度和内存限制，现在许多方法将视频分段分批处理，在较小的时间片段内使用 Offline Tracking 的方法进行折中。目前，Offline Tracking 一般用于运动分析、医学图像处理等场景。

与 Offline Tracking 不同，Online Tracking 对当前帧的预测只能使用当前帧与先前帧的信息来进行数据关联，当前帧的跟踪仅利用过去的信息，不允许修改以往的跟踪结果。Online Tracking 更适用于实际情况，即视频一般时序列化得到，用到的是直到当前帧的前面所有帧的信息。Online Tracking 实时性强，但易受目标遮挡和检测器漏检、误检的影响。目前，Online Tracking 广泛应用于自动驾驶、智能视频监控等领域。

2.4.5　视频识别与追踪在建筑环境智能场景中的应用

1. 人脸识别门禁

人脸与人体的其他生物特征（指纹、虹膜等）一样与生俱来，它的唯一性和不易被复制的良好特性为身份鉴别提供了必要的前提。人脸识别（Face Recognition，FR）是一种基于人的脸部特征信息进行身份识别的生物识别技术。用摄像机或摄像头采集含有人脸的图像或视频流，并自动在图像中检测和跟踪人脸，进而对检测到的人脸进行脸部识别的一系列相关技术，通常也叫作人像识别、面部识别。

人脸识别系统的研究始于 20 世纪 60 年代，20 世纪 80 年代后随着计算机技术和光学成像技术的发展得到提高，而真正进入初级的应用阶段则在 20 世纪 90 年代后期；最近几年随着以深度学习为主的人工智能技术进步，人脸识别技术得到了迅猛的发展。人脸识别系统集成了人工智能、机器识别、机器学习、模型理论、专家系统、视频图像处理等多种专业技术，是综合性比较强的系统工程技术。OpenCV 的 Haar Cascade 被广泛用于检测图像或视频中的人脸。

人脸识别系统通常包括以下过程：人脸图像采集及检测、关键点提取（特征提取）、人脸规整（预处理）和人脸识别比对（匹配与识别）。

人脸图像采集。不同的人脸图像都能通过摄像镜头采集下来，比如静态图像、动态图像、不同的位置、不同表情等方面都可以得到很好的采集。当用户在采集设备的拍摄范围内时，采集设备会自动搜索并拍摄用户的人脸图像。

人脸检测。人脸检测在实际中主要用于人脸识别的预处理，即在图像中准确标定出人脸的位置和大小。

关键点提取（特征提取）。人脸识别系统可使用的特征通常分为视觉特征、像素统计特征、人脸图像变换系数特征、人脸图像代数特征等。人脸特征提取就是针对人脸的某些特征进行的。人脸特征提取，也称人脸表征，它是对人脸进行特征建模的过程。人脸特征提取的方法归纳起来分为两大类：一种是基于知识的表征方法；另一种是基于代数特征或统计学习的表征方法。

人脸规整（预处理）。对于人脸的图像预处理是基于人脸检测结果，对图像进行处理并最终服务于特征提取的过程。系统获取的原始图像由于受到各种条件的限制和随机干扰，往往不能直接使用，必须在图像处理的早期阶段对它进行灰度校正、噪声过滤等图像预处理。对于人脸图像而言，其预处理过程主要包括人脸图像的光线补偿、灰度变换、直方图均衡化、归一化、几何校正、滤波以及锐化等。

人脸识别比对（匹配与识别）。提取的人脸图像的特征数据与数据库中存储的特征模板进行搜索匹配，通过设定一个阈值，当相似度超过这一阈值，则把匹配得到的结果输出。人脸识别就是将待识别的人脸特征与已得到的人脸特征模板进行比较，根据相似程度对人脸的身份信息进行判断。可分为 1∶1、1∶N、属性识别。其中 1∶1 是将 2 张人脸对应的特征值向量进行比对，1∶N 是将 1 张人脸照片的特征值向量和另外 N 张人脸对应的特征值向量进行比对，输出相似度最高或者相似度排名前 X 的人脸。

随着人脸识别技术以及相关终端设备的不断发展，人脸识别所应用的场景已扩展至人脸识别门禁、人脸识别身份验证、人脸识别考勤、人脸识别访客等方面。人脸识别门禁的主要功能涉及：人脸检测采集、人员注册、人脸库管理和联动报警及数据分析。人脸检测通常和设备的应用场景相关度较大，嵌入式设备如人脸锁或门禁、智能硬件往往只要求同一画面只做一个人脸的识别；智能建筑门禁通行或会场签到在同一画面往往要求 3～10 人的人脸检测；商场、车站或室外布控有时候需要同一画面实现 10～50 人的人脸检测处理。人脸识别门禁设备的组成：摄像机用于采集视频信息，主机用于运行人脸识别、人脸库管理和注册服务的软件，客户端用于用户交互。设备之间通过网络进行连接。目前人脸识别门禁的主要产品为一体化门禁产品。一体化人脸识别门禁产品通常以带屏幕的一体化人脸识别门禁产品为主，设备直接集成摄像头、屏幕、计算主板、联动报警等，在单个设备完成人脸采集、人脸注册、建库比对、联动门禁等功能。

2. 图片情感识别

表情是人类表达情感状态和意图的最有力、最自然、最普遍的信号之一。由于自动面部表情分析在社交机器人、医疗、驾驶员疲劳监测和许多其他人机交互系统中具有重要的实际意义，因此有许多研究人员对其进行了大量的研究。在计算机视觉和机器学习领域，已经开发了各种面部表情识别系统来从面部表征中编码表情信息。早在 20 世纪，Ekman 和 Friesen 在跨文化研究的基础上定义了六种基本情绪，该研究表明，人类对某些基本情绪的感知方式是相同的，与文化无关。这些典型的面部表情是愤怒、厌恶、恐惧、快乐、悲伤和惊讶。轻蔑随后被添加为一种基本情绪。

在人脸识别的同时还可以进行面部表情的识别。基本过程为：首先，提供一系列新图像作为输入。其次，经过一系列阶段，它被转换成一个新的合并图像，用于人工神经网络（Artificial Neural Network，ANN）的分析。训练集由 ANN 之前训练过的七种不同面部情绪的图像组成：愤怒，厌恶，恐惧，快乐，悲伤，惊讶，轻蔑。一旦检测到图像所属的组，系统就会报告面部的情绪状态。该系统不断分析人脸，并通过眼睛和嘴部的输入提取有关情绪状态的信息。最后使用最近邻插值方法调整大小将提取的图像合并为一个新图像，为人工神经网络提供当前输入数据，并使用具有前馈结构的反向传播算法来识别面部表情。

3. 实时跟踪计数

为了满足不同业务场景下的需求，如商场进出口人流监测、高速路口车流量监测与建筑环境智能场景等，实现实时跟踪计数，现有解决方案一般应用轻量级 MOT 模型预测得到目标轨迹与 ID 信息，从而实现动态人流/车流的实时去重计数。通过监控摄像设备捕捉目标当前运动状态，智能实时监控交通道路、卡口的人/车流量，自定义流量统计时间间隔，分析路口、路段的交通状况，在指定区域，根据行人和车辆的轨迹判断进出区域的行为，统计行人以及各类车辆进出区域的数量，返回含统计值和跟踪框的渲染图以及图标，可为交通调度、路况优化提供精准参考依据。

4. 智能行为分析

通过对摄像机采集的视频图像进行智能分析，可以进行多种检测：突然入侵检测、移动物体检测、运动路径检测、遗留物体检测、运动方向检测和移走物体检测等，从而可以对人或者物体进行分析，可以定义"越界""出现""增加""遗留""长时间逗留""聚众""违反出入规则""车辆逆行"等报警规则。

突然入侵检测：在视频图像的设定区域内，检测突然出现和入侵的物体并及时报警。可以应用在军事重地、重要人物住所、涉枪防爆和剧毒化学等重点单位。目前在视频监控系统中经常使用的视频移动报警技术就是一种初步的突然入侵检测技术。

移动物体检测：在视频图像设定的区域内，对移动物体进行动态跟踪，可以检测设定区域内是否有可疑人物进入、逗留或徘徊，对检测到的目标物跟踪并且提出报警。同样可以应用在军械库、监狱、机场、高速公路、火车站和港口等。

运动路径检测：在视频图像设定的区域内，集中监控人、车或其他物体是否沿着某一方向穿越进入某一指定区域，对进入设定区域内的目标物进行探测，跟踪并及时报警。可以检测车辆是否逆行，人是否从禁止进入的出口进入等。可以应用在车辆逆行、违章掉头、违章左转、违章右转、闯红灯，人在机场、海关出入口逆行等行为检测。

遗留物体检测：在视频图像设定的区域内，检测车辆或其他目标物停靠或滞留超过一定的时间，对被蓄意放在设定区域的物品进行探测并报警，比如有人遗留包裹或爆炸物等。可以用于在机场、地铁等交通要塞的反恐行为侦测或者应用在复杂环境的公共场合，并且可以应用于隧道、高速公路违章停车的检测。

运动方向检测：在视频图像设定的区域内，监控车辆或行人按预定义的多个方向朝确定目标的接近或背离运动。能够对物体的运动方向进行准确识别和判断。

移走物体检测：当设定的监控区域内目标物被移走，替代或恶意遮挡时发出报警。可以用来保护财产安全。非常适合应用在博物馆、珠宝店、展览会等放置贵重物品的场所。在物品被盗的短时间内就可以报警，避免丢失。

5. 突发事件处置

视频目标跟踪相关技术可提高 AI 的态势感知的能力。基于智能行为分析，通过设置规则并在视频图像中检测识别异常行为和可疑活动（例如有人在公共场所遗留了可疑物体，或者有人在敏感区域停留的时间过长）时，针对性地作出响应，如向相关人员发出告警信息。应用示例如：①基于相似外观的告警：视频监控可根据实体外观相似的需求定制告警，如危险物检测、烟火检测等；②基于计数的告警：当在给定时间段内在预定位置检测到一定数量的物体（车辆或人）时，可以触发警报；③人脸识别告警：相关部门可以根据从视频图像中提取的信息，以此快速识别犯罪嫌疑人并实时发出告警。由此，在安全威胁发生之前就能够提示值班人员关注相关监控画面以提前做好准备，在特定的安全威胁出现时采取相应的预案，有效防止在混乱中由于人为因素而造成的延误。

本章小结

本章主要针对建筑环境智能中的基础感知设备与相关技术进行介绍。首先介绍了建筑环境智能的整体框架。在做整体框架前，需要先明确建筑环境智能系统的设计需求。其次介绍了两种常见的系统设计框架结构，并以三层框架结构为基础归纳总结了各个层面上建筑环境智能系统所需要用到的几种关键技术。最后，根据智能化技术发展的新趋势，介绍了一个处在发展前沿的群智能建筑环境系统，拓宽读者对建筑环境智能系统的发展思路。

接下来着重针对建筑智能环境中最常使用到的三种技术：传感器及无线传感网络、室内定位技术、视频识别与追踪技术进行了全方位系统地介绍。对于传感器技术，本章从传感器节点、短距离无线传感网络通信技术、长距离无线传感网络通信技术、网络拓扑结构等方面进行详细介绍，并结合无线传感器网络在建筑中的应用实例对传感器网络系统实际运用予以展示和说明。对于室内定位技术，本章对几种常用于做室内定位的技术和几种主要方法进行了概括性地介绍。针对建筑环境的特点，着重对 Wi-Fi 位置指纹定位法进行了详解。对于计算机视觉技术，我们先明确了计算机视觉的基本任务，进而对图像处理、特征提取的技术方法进行了详细介绍。最后针对建筑环境中目标识别与跟踪这两个重要应用中的相关算法给予了重点讨论，并给予了几组实际应用案例。通过对这三种技术的学习，可以帮助构建出建筑智能环境中的底层基础感知架构。

思考题

1. 简述建筑环境智能系统中的三层框架设计。
2. 什么是传感器融合？
3. 列举无线传感网络中几种主要的长短距离通信技术。
4. 室内定位技术主要包括哪些？
5. 简述 RSSI 定位方法。
6. 什么是图像特征提取？
7. 人脸识别系统通常包括哪些过程？

思考题参考答案

知识图谱

数据挖掘要解决的问题

数据挖掘的基本步骤

数据挖掘的主要任务

机器学习的基本步骤

机器学习的主要领域

边缘计算的关键技术

基于边缘计算的建筑环境智能模型

建筑环境智能中的普适计算

云计算技术在建筑环境智能中的云边端一体化应用模式

基于云边缘设备架构的中央空调节能与控制框架

上下文感知的基本概念

上下文感知的形式

上下文感知模型

上下文感知系统框架

上下文感知推荐系统

专家系统的工作原理

专家系统的组成

推荐系统的算法类别

推荐系统的性能评价

本章要点

知识点 1. 数据挖掘的主要任务。

知识点 2. 机器学习技术的分类与主要算法。

知识点 3. 边缘计算中的关键技术。

知识点 4. 上下文感知模型。

知识点 5. 专家系统的组成。

知识点 6. 常见个性化推荐算法。

学习目标

1. 了解数据挖掘的主要任务。

2. 熟悉机器学习中的主要算法及相应特点。

3. 掌握边缘计算中的关键技术。

4. 了解常见上下文感知模型。

5. 掌握专家系统的组成。

6. 掌握三种常见的个性化推荐算法。

3

建筑环境智能中的普适计算

3.1 数据挖掘与机器学习

3.1.1 数据挖掘概述

随着大数据时代的来临，数据成了一种独立的客观存在。我们每天都生活在数据中，时时刻刻接触着来自生活各个方面的数据，从通信、缴费到购物、打车等，不一而足。但是我们为什么对数据感兴趣呢？人们普遍认为，没有模型的数据只是噪声。换句话说，为了对决策有用，数据需要被处理并压缩成更多相互关联的形式。爆炸式增长、广泛可用的巨量数据急需功能强大且通用的工具，以便从这些海量数据中发现有价值的信息，把这些数据转化成有组织的知识。这种需求导致了数据挖掘的诞生。

数据挖掘（Data Mining）又译为资料采矿、数据探测，是指从大量的、不完全的、有噪声的、模糊的、随机的数据中提取隐含在其中的、人们事先不知道的但又存在有用的信息和知识的过程。数据挖掘是一种决策支持过程，主要基于人工智能、机器学习、统计学和数据库等，对大量的企业数据进行探索和分析，作出归纳性的推理，从中挖掘出潜在的模式，帮助决策者调整市场策略，减少风险，从而作出正确的决策。数据挖掘技术可以分为几种不同的类型：泛化、表征、分类、聚类、关联、进化、模式匹配、数据可视化和元规则引导挖掘。此外，使用一系列算法可以有效地从许多数据存储库或动态数据流中的大量数据中提取信息。

3.1.2 数据挖掘要解决的问题

1. 可伸缩

由于数据产生和采集技术的进步，数太字节（TB）、数拍字节（PB）甚至数艾字节（EB）的数据集越来越普遍。如果数据挖掘算法要处理这些海量数据集，则算法必须是可伸缩的。许多数据挖掘算法采用特殊的搜索策略来处理指数级的搜索问题。为实现可伸缩可能还需要实现新的数据结构，才能以有效的方式访问每个记录。例如，当要处理的数据不能放进内存时，可能需要核外算法。使用抽样技术或开发并行和分布式算法也可以提高可伸缩程度。

2. 高维性

现在，常常会遇到具有成百上千属性的数据集，而不是几十年前常见的只具有少量属性的数据集。在生物信息学领域，微阵列技术的进步使得能够收集并分析涉及数千特征的基因表达数据。具有时间分量或空间分量的数据集也通常具有很高的维度。例如，考虑包含不同地区的温度测量结果的数据集，如果在一个相当长的时间周期内反复地测量，则维数（特征数）的增长正比于测量的次数。为低维数据开发的传统数据分析技术通常不能很好地处理这类高维数据。此外，对于某些数据分析算法，随着维数（特征数）的增加，计算复杂度会迅速增加。

3. 异构数据和复杂数据

通常，传统的数据分析方法只处理包含相同类型属性的数据集，或者是连续的，或者是分类的。随着数据挖掘在商务、科学、医学和其他领域的应用越来越广泛，越来越需要能够处理异构属性的技术。

近年来，出现了更复杂的数据对象。这种非传统类型的数据如：含有文本、超链接、图像、音频和视频的 Web 和社交媒体数据，具有序列和三维结构的 DNA 数据，由地球表面不同位置、不同时间的测量值（温度、压力等）构成的气候数据。

为挖掘这种复杂对象而开发的技术应当考虑数据中的联系，如时间和空间的自相关性、图的连通性、半结构化文本和 XML 文档中元素之间的父子关系。

4. 数据的所有权与分布

有时，需要分析的数据不会只存储在一个站点，或归属于一个机构，而是地理上分布在属于多个机构的数据源中。这就需要开发分布式数据挖掘技术。分布式数据挖掘算法面临的主要挑战包括：如何降低执行分布式计算所需的通信量？如何有效地统一从多个数据源获得的数据挖掘结果？如何解决数据安全和隐私问题？

5. 非传统分析

传统的统计方法基于一种假设检验模式，即提出一种假设，设计实验来收集数据，然后针对假设分析数据。但是，这一过程劳力费神。当前的数据分析任务常常需要产生和评估数千种假设，因此需要自动地产生和评估假设，这促使人们开发了一些数据挖掘技术。

此外，数据挖掘所分析的数据集通常不是精心设计的实验的结果，并且它们通常代表数据的时机性样本（Opportunistic Sample），而不是随机样本（Random Sample）。

3.1.3 数据挖掘的基本步骤

数据挖掘的实际工作是对大规模数据进行自动或半自动的分析，从大量数据中寻找其规律的技术。数据挖掘的任务有数据聚类分析、数据异常检测、数据之间关联式规则挖掘等。这些潜在信息可通过对输入数据处理之后的总结来呈现，之后可以用于进一步分析，如机器学习和预测分析。但在数据挖掘之前，有必要通过预处理来分析多变量数据，然后要清理目标集，数据清理移除包含噪声和含有缺失数据的观测量。因此，基本步骤如图 3-1 所示。

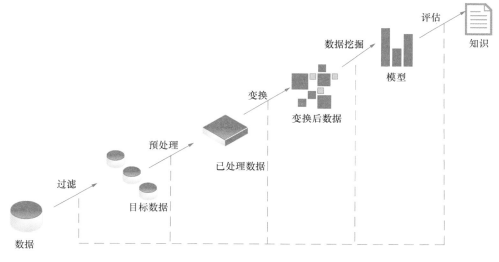

图 3-1　数据挖掘基本步骤

步骤一——信息收集：根据确定的数据分析对象抽象出在数据分析中所需要的特征信息，然后选择合适的信息收集方法，将收集到的信息存入数据库。对于海量数据，选择一个合适的数据存储和管理的数据仓库是至关重要的。

步骤二——数据集成：把不同来源、格式、特点性质的数据在逻辑上或物理上有机地集中，从而为企业提供全面的数据共享。

步骤三——数据规约：执行多数的数据挖掘算法，即使在少量数据上也需要很长的时间，而做商业运营数据挖掘时往往数据量非常大。数据规约技术可以用来得到数据集的规约表示，它小得多，但仍然接近于保持原数据的完整性，并且规约后执行数据挖掘结果与规约前执行结果相同或几乎相同。

步骤四——数据清理：在数据库中的数据有一些是不完整的（有些感兴趣的属性缺少属性值），是含噪声的（包含错误的属性值），并且是不一致的（同样的信息不同的表示方式），因此需要进行数据清理，将完整、正确、一致的数据信息存入数据仓库中。

步骤五——数据变换：通过平滑聚集、数据概化、规范化等方式将数据转换成适用于数据挖掘的形式。对于有些实数型数据，通过概念分层和数据的离散化来转换数据也是重要的一步。

步骤六——数据挖掘过程：根据数据仓库中的数据信息，选择合适的分析工具，应用统计方法、事例推理、决策树、规则推理、模糊集，甚至神经网络、遗传算法的方法处理信息，得出有用的分析信息。

步骤七——模式评估：从专业角度，由行业专家来验证数据挖掘结果的正确性。

步骤八——知识表示：将数据挖掘所得到的分析信息以可视化的方式呈现给用户，或作为新的知识存放在知识库中，供其他应用程序使用。

3.1.4　数据挖掘的主要任务

通常，数据挖掘的任务分为下面两大类。

（1）预测任务。这些任务的目标是根据其他属性的值，预测特定属性的值。被预测的属性一般称目标变量（Target Variable）或因变量（Dependent Variable），而用来作预测的属性称为说明变量（Explanatory Variable）或自变量（Independent Variable）。

（2）描述任务。其目标是导出概括数据中潜在联系的模式（相关、趋势、聚类、轨迹和异常）。本质上，描述性数据挖掘任务通常是探查性的，并且常常需要后处理技术验证和解释结果。

四种主要数据挖掘任务：预测建模、关联分析、聚类分析、异常检测。

（1）预测建模（Predictive Modeling）涉及以说明变量函数的方式为目标变量建立模型。有两类预测建模任务：分类（Classification），用于预测离散的目标变量；回归（Regression），用于预测连续的目标变量。例如，预测一个 Web 用户是否会在网上书店买书是分类任务，因为该目标变量是二值的，而预测某股票的未来价格则是回归任务，因为价格具有连续值属性。两项任务目标都是训练一个模型，使目标变量预测值与实际值之间的误差达到最小。预测建模可以用来确定顾客对产品促销活动的反应，预测地球生态系统的扰动，或根据检查结果判断病人是否患有某种疾病。

（2）关联分析（Association Analysis）用来发现描述数据中强关联特征的模式。所发现的模式通常用蕴含规则或特征子集的形式表示。由于搜索空间是指数规模的，关联分析的目标是以有效的方式提取最有用的模式。关联分析的应用包括找出具有相关功能的基因组、识别用户一起访问的 Web 页面、理解地球气候系统不同元素之间的联系等。

（3）聚类分析（Cluster Analysis）旨在发现紧密相关的观测值组群，使得与属于不同簇的观测值相比，属于同一簇的观测值相互之间尽可能类似。聚类可用于对相关的顾客分组、找出显著影响地球气候的海洋区域以及压缩数据等。

（4）异常检测（Anomaly Detection）的任务是识别其特征显著不同于其他数据的观测值。这样的观测值称为异常点（Anomaly）或离群点（Outlier）。异常检测算法的目标是发现真正的异常点，而避免错误地将正常的对象标注为异常点。换言之，一个好的异常检测器必须具有高检测率和低误报率。异常检测的应用包括检测欺诈、网络攻击、疾病的不寻常模式、生态系统扰动等。

3.1.5 机器学习概述

随着数据的爆炸性增长，传统的编程方法已经无法满足处理复杂任务的需求。在这样的背景下，机器学习应运而生。机器学习作为人工智能的重要支柱，已经在过去几十年内取得了巨大的进展，并在各个领域发挥着重要的作用。机器学习的概念是让计算机能够通过数据学习，而不是通过显式的程序指令，从大规模数据集中挖掘隐藏的模式和规律，并利用这些信息作出准确的预测和决策。

机器学习的应用广泛，涵盖了诸多行业。在自然语言处理领域，机器学习被用于语音识别、文本分类、机器翻译等。在计算机视觉方面，机器学习有助于实现图像识别、目标检测和人脸识别。推荐系统则利用机器学习来为用户提供个性化的推荐服务，促进电商和内容平台的发展。在金融领域，机器学习被应用于欺诈检测、信用评分和股市预测等。在医疗保健方面，机器学习可用于辅助疾病诊断。随着技术进步和数据可获得性的提高，机器学习在未来将继续发挥重要作用，为我们创造更加智能和便利的生活。

3.1.6 机器学习的基本步骤

1. 数据收集和预处理

数据收集是指获取和准备用于训练机器学习模型的数据的过程。数据收集的关键是根据具体的机器学习任务确定需要哪些类型的数据，并确保数据集的质量和合理性。数据的多样性对于模型的泛化能力至关重要，通过收集来自不同来源、不同领域和不同样本的数据，我们可以降低模型对于特定数据集的过拟合风险，使其能够在未见过的数据上表现出色。真实性也是数据收集的一个关键因素，确保数据的真实性意味着数据必须反映真实世界的情况，避免使用错误或伪造的数据，以免引入偏见或误导模型。收集多样化、真实性高、完整且具有代表性的数据对于获得有效和可靠的机器学习模型至关重要。

在实际的数据收集和整理过程中，原始数据可能存在错误、缺失值、异常等问题，数据预处理可以通过删除、填充或插值等方式来处理这些问题，并将数据转化为可供机器学习、算法使用的形式。通过数据预处理，可以增强模型的性能、提高准确度，减少模型在训练和预测过程中可能出现的错误。同时，良好的数据预处理还可以降低机器学习模型过拟合的风险，提高模型的泛化能力，以更好地应用于未见过的数据。

2. 模型选择和训练

在这个阶段，根据已知的训练集和验证集在特定空间中进行模型选择，获取合适复杂度的模型，对其进行训练，以使其能够从数据中学习到规律和模式，并作出准确的预测和决策。

对于模型的选择，首先需要明确解决的问题类型，如分类、回归、聚类等。不同的问题类型需要不同类型的模型来解决。数据集的大小也会影响模型的选择。在小数据集上，通常使用简单模型来避免过拟合；而在大数据集上，可以使用更复杂的模型来提高性能。

模型训练的目标是根据训练数据调整模型的参数，使其能够从数据中学习到合适的规律和模式。模型训练是一个迭代的过程，需要根据实际情况进行多次调整和优化，直至获得满意的结果。在训练过程中，需要注意过拟合和欠拟合等问题，确保模型在训练集和验证集上都能有较好的表现。

3. 模型评估和优化

在模型训练完成后，需要对模型进行评估。模型评估是通过使用未见过的数据来评估训练好的模型在实际应用中的性能。通常，将数据集划分为训练集和测试集，模型在训练集上进行训练，并在测试集上进行评估。评估模型的主要指标有准确度、精确度、召回率、ROC 曲线、AUC 曲线等。通过使用这些评估指标，我们能够客观地评估模型的性能，并选择最适合实际应用的模型。

模型优化是指对模型进行改进，以提高其性能和泛化能力。当模型的评估结果不理想时，可以采用各种方法来进行优化，包括超参数调优、特征工程、模型结构调整、数据增强等。模型优化是一个迭代的过程，需要不断尝试不同的方法和参数组合，通过评估结果来指导下一步的优化方向。通过持续的优化，可以使模型更加准确地预测未见过的数据，并提高其实际应用的效果。

3.1.7 机器学习的主要领域

在这一节我们将从浅层机器学习中的监督学习、无监督学习以及深度学习这三个角度对机器学习中使用的主要算法进行介绍。

1. 监督学习

（1）线性回归

线性回归的目标是找到一条直线（或高维空间中的超平面），以最好地拟合训练数据中特征和目标之间的关系。

线性回归模型可以表示为：

$$y = \omega X + b \tag{3-1}$$

式中 ωX ——特征与权重的线性组合，这代表了预测值的线性部分。然后，通过加上偏置项 b，得到完整的预测值。

线性回归的目标是找到合适的权重向量 ω 和偏置项 b，使得预测值 $\omega X + b$ 尽可能接近真实的目标向量 y。这可以通过最小化损失函数来实现，通常采用均方误差（Mean Squared Error，MSE）作为损失函数：

$$MSE = \frac{1}{n}\sum_{i=1}^{n}\left[y_i - (x_i^\mathsf{T}\omega + b)\right]^2 \tag{3-2}$$

式中 n ——样本数量；

y_i——第 i 个样本的实际目标值；

x_i——第 i 个样本的特征向量。

最小化损失函数的过程可以通过求解最小化损失函数对权重向量 ω 和偏置项 b 的偏导数，并令其为零来完成。这将导出一组线性方程，通常使用矩阵求解方法来获得最佳的权重向量和偏置项。

总之，线性回归是机器学习中一个重要且简单的模型，它为我们提供了理解和处理数据关系的基础。在实际应用中，虽然不是万能的，但它仍然是许多问题的有力工具。

（2）逻辑回归

逻辑回归的目标是预测二分类问题中的类别概率。它基于线性回归的思想，但在输出端应用了一个逻辑函数（通常是 sigmoid 函数），使得输出范围限制在 0 到 1 之间，表示样本属于某个类别的概率。

假设我们有一个样本的特征向量 x，逻辑回归模型可以表示为：

$$P(y = 1 \mid x) = \frac{1}{1 + \mathrm{e}^{-(\omega^{\mathrm{T}} x + b)}} \tag{3-3}$$

式中　$P(y = 1 \mid x)$——给定特征向量 x 条件下该样本属于类别 1 的概率；

　　　　ω——权重向量；

　　　　b——偏置项。

逻辑回归的训练过程涉及找到最佳的权重向量 ω 和偏置项 b，使得模型的预测尽可能接近实际标签。这可以通过最大化似然函数或最小化损失函数来实现。常见的损失函数是对数似然损失函数（log loss）：

$$\log \text{loss} = -\frac{1}{n} \sum_{i=1}^{n} \left[y_i \log(p_i) + (1 - y_i) \log(1 - p_i) \right] \tag{3-4}$$

式中　n——样本数量；

　　　y_i——实际标签（0 或 1）；

　　　p_i——模型预测该样本属于类别 1 的概率。

总之，逻辑回归是一种简单但强大的分类算法，广泛用于处理二分类问题。它具有良好的解释性和可解释性，并且在许多实际问题中都表现出色。

（3）决策树

决策树是一种树状结构，用于对输入特征进行分层划分，从而实现对目标变量的预测。它通过一系列的判断条件将数据划分为不同的类别或值。每个内部节点表示一个特征或属性，每个叶节点表示一个类别（在分类问题中）或一个预测值（在回归问题中）。

决策树的构建过程涉及选择最佳的特征来划分数据，使得划分后的子集在某种意义上更加"纯净"。常用的纯度度量包括基尼不纯度和熵。在每次划分时，决策树选择使纯度提高最多的特征作为划分条件。

对于一个新的输入样本，决策树会从根节点开始，根据特征的值依次沿着树的路径向下走，直到达到一个叶节点。叶节点的类别（分类问题）或预测值（回归问题）即为模型的输出。

可解释性：决策树的结构易于理解和解释，因为它们可以被视为一系列简单的判断条件。

适用性：决策树可以处理离散特征和连续特征，也可以处理多类别问题和回归问题。

处理非线性关系：决策树能够捕捉非线性关系，因为它们通过阶段性的划分来适应数据的复杂性。

容易过拟合：决策树容易过拟合，即在训练数据上表现良好，但在未见过的数据上表现较差。为了防止过拟合，可以通过剪枝、设置最大深度、设置叶节点的最小样本数等方式来限制决策树的复杂度。

总之，决策树是一种简单而强大的模型，适用于多种问题。通过根据特征逐步划分数据，它能够提供有关数据结构的有益见解，并用于分类和回归预测。

（4）支持向量机

SVM（Support Vector Machine，支持向量机）的目标是找到一个超平面（对于二分类问题而言，是一个二维平面；对于多类别问题而言，是一个多维超平面），使得不同类别的数据点尽可能远离超平面，从而达到良好的分类效果。

在二维平面中，SVM 的目标是找到一个分割线，使得离这个线最近的数据点到该线的距离（称为间隔）尽可能大。这些距离最近的数据点被称为"支持向量"。SVM 试图最大化这些支持向量到分割线的距离，这称为"最大间隔分类"。

线性 SVM：在线性可分的情况下，SVM 会找到一个最优超平面，使得不同类别的数据点分别位于超平面的两侧。这个最优超平面由一个法向量和一个偏置项决定。

非线性 SVM：对于线性不可分的情况，SVM 可以通过使用核函数（如径向基函数、多项式核函数等）将数据从原始特征空间映射到更高维度的特征空间，从而使得数据在高维空间中线性可分。在高维特征空间中，SVM 寻找一个线性超平面来分割映射后的数据。

软间隔和正则化：实际数据中，很少有完全线性可分的情况。为了处理噪声和离群点，SVM 引入了"软间隔"和正则化。软间隔允许一些样本位于分割线错误的一侧，并引入惩罚项来平衡间隔的最大化和分类误差的最小化。

多类别分类：SVM 最初设计用于二分类问题，但可以通过多个二分类器的组合来处理多类别分类问题，如"一对一"或"一对多"策略。

总之，支持向量机是一种强大的机器学习算法，适用于分类和回归问题，它通过找到最大间隔超平面来进行分类，同时通过核函数处理非线性情况。

（5）集成学习

集成学习的核心思想是，通过结合多个模型的预测，减少单一模型的误差，提高整体性能。集成学习主要可以分为两类：装袋法和提升法。

1）装袋法：装袋法通过并行地训练多个基本模型，每个模型使用随机抽样得到的训练子集。在分类问题中，最终预测结果可以通过投票来决定（多数表决），在回归问题中，可以通过平均基本模型的预测值来获得。著名的装袋法有随机森林。

随机森林：随机森林是一种集成学习方法，通过构建多棵决策树并进行投票来分类或回归。每个决策树都在不同的随机子集上训练，以确保模型的多样性。最终的预测结果是所有决策树的投票结果（分类问题）或平均预测值（回归问题）。

2）提升法：提升法是按顺序地训练一系列基本模型，每个基本模型都尝试纠正上一个模型的错误。在每个训练迭代中，提升法会给予前一个模型预测错误的样本更多的权重，从而使新的模型更专注于修正这些错误。著名的提升法包括 AdaBoost 和梯度提升树。

AdaBoost：AdaBoost 是一种迭代算法，其核心思想是针对同一个训练集训练不同的分类器（弱分类器），然后把这些弱分类器集合起来，构成一个更强的最终分类器（强分类器）。

梯度提升树：梯度提升树是一种迭代的提升算法，它通过逐步构建多棵决策树，每棵树都在之前树的预测误差上进行训练。每个新的树都试图减少之前树没有捕捉到的残差。最终，所有树的预测值累加在一起，得到最终的集成预测。

总之，集成学习是一种强大的技术，可以显著提高模型性能，适用于多种机器学习问题，尤其是在难以解决的问题上表现出色。

2. 无监督学习

（1）聚类算法

聚类算法试图将数据样本分为多个组，使得组内的样本相似度最大化，组间的样本相似度最小化。每个组被称为一个簇。聚类算法不需要预先定义类别标签，而是根据数据的内在结构进行分组。

K 均值聚类：K 均值聚类是最常见的聚类算法之一。它将数据样本分为 K 个簇，其中 K 是用户预先定义的。算法的核心思想是随机选择 K 个中心点（代表簇的中心），然后迭代地将每个样本分配给最近的中心点，并更新中心点以反映所属簇的平均值。这个过程持续进行，直到中心点的变化较小或达到一定的迭代次数。

层次聚类：层次聚类将数据样本组织成一个树状结构，每个节点表示一个簇。这种方法可以是"自底向上"的聚合聚类，也可以是"自顶向下"的分裂聚类。在层次聚类中，不需要预先指定簇的数量，因为树的结构可以动态地展开或剪枝。

DBSCAN：是一种基于密度的聚类算法。它将簇定义为样本在特征空间中的密度高区域，能够识别不同形状的簇并且可以处理噪声。

谱聚类：谱聚类是一种基于图论的聚类算法，将数据样本视为图的节点，构建样本之间的相似度矩阵，然后通过图的拉普拉斯矩阵进行降维和聚类。

总之，聚类算法是一类用于将数据分组成簇的无监督学习算法。不同的聚类算法适用于不同的数据类型和问题，根据问题的特点选择适当的聚类算法非常重要。

（2）关联规则挖掘

关联规则是指数据中的项之间的简单逻辑条件，类似于"如果……那么……"的形式。例如，在零售业中，一个关联规则可能是："如果顾客购买了咖啡，那么他们也可能购买牛奶。"

关联规则挖掘的主要任务是从数据集中发现频繁项集和关联规则。频繁项集是指在数据中经常一起出现的项的集合。关联规则是从频繁项集中提取的，通过计算项之间的支持度和置信度来描述项之间的关联程度。

支持度：支持度指一个项集在数据中出现的频率，即项集的出现次数与总事务数之比。支持度用来度量一个项集在整体数据中的普遍程度。

置信度：置信度指一个关联规则的条件项出现时，结果项也同时出现的概率，即条件项和结果项同时出现的频率与条件项出现的频率之比。置信度用来度量关联规则的可信程度。

Apriori 算法：是一种常用于关联规则挖掘的方法。它基于一个重要观察，即如果一个项集是频繁的，那么它的所有子集也应该是频繁的。Apriori 算法通过逐步增加项集的大小，从而逐步发现频繁项集。算法的核心思想是利用支持度的递减性质，减少项集的搜索空间。

FP-Growth 算法：是另一种用于关联规则挖掘的方法，它通过构建一个称为 FP 树的数据结构来高效地发现频繁项集。FP-Growth 算法避免了产生候选项集的过程，因此在某些情况下比 Apriori 算法更快。

关联规则挖掘在市场营销、推荐系统、销售分析、生物信息学等领域有广泛的应用。例如，零售商可以通过挖掘购物篮中的关联规则来进行交叉销售和定价策略的优化。

总之，关联规则挖掘是一种有用的数据挖掘技术，可以用于发现数据中的项之间的关联关系，从而为决策制定和业务优化提供有价值的见解。

（3）主成分分析

主成分分析（PCA）是一种常用的降维技术，用于减少高维数据的维度，同时保留尽可能多的信息。PCA 的主要目标是找到一个新的坐标系统，使得在新坐标系统中，数据的方差最大化。这些新的坐标轴被称为主成分，它们是原始特征的线性组合。

在高维数据中，往往存在冗余性和相关性，PCA 旨在找到一组新的特征（主成分），使得这些新特征之间不相关，从而减少数据的维度。PCA 是一种无监督学习方法，不需要事先知道数据的类别标签。

PCA 的步骤如下：

1）标准化数据：首先，对原始数据进行标准化，使得每个特征的均值为 0，标准差为 1。

2）计算协方差矩阵：计算标准化后数据的协方差矩阵，该矩阵描述了不同特征之间的相关性。

3）计算特征值和特征向量：对协方差矩阵进行特征值分解，得到特征值和对应的特征向量。特征值表示主成分的重要性，特征向量表示每个主成分的方向。

4）选择主成分：选择前 k 个最大的特征值对应的特征向量作为主成分，其中 k 是降维后的目标维度。

5）生成降维数据：使用选择的主成分将原始数据投影到新的坐标系统中，得到降维后的数据。

总之，主成分分析是一种重要的降维技术，可以帮助我们从高维数据中提取出最重要的信息，以便更好地理解和处理数据。

3. 深度学习

（1）卷积神经网络 CNN

卷积神经网络（Convolutional Neural Network，CNN）是一种在计算机视觉和图像处理领域中广泛应用的深度学习模型。它在处理图像、视频、语音等数据上取得了许多重要的成就，尤其在图像分类、目标检测和图像生成等任务上表现出色。

CNN 的设计灵感来自生物视觉系统的视觉皮层结构。它在保留输入数据的空间结构信息的同时，通过卷积和池化等操作来提取图像的特征。这些特征逐层堆叠和抽象，使得网络能够理解数据的层次化表示。

卷积层：卷积层是 CNN 的核心组件之一，通过卷积操作来提取图像的局部特征。卷积操作使用一组可学习的滤波器（或卷积核）在输入图像上进行滑动，计算每个位置的特征映射。这样，卷积层能够捕捉图像中的纹理、边缘等局部信息。

池化层：池化层用于缩小特征图的尺寸，降低计算量，并且增强特征的鲁棒性。常见的池化操作包括最大池化和平均池化，它们分别在每个区域中选择最大值或平均值作为池化后的值。

激活函数：激活函数引入非线性，使得神经网络能够学习复杂的函数。在 CNN 中，常见的激活函数包括 ReLU（Rectified Linear Unit）和其变体，如 Leaky ReLU、ELU 等。

全连接层：在卷积和池化之后，通常会使用一个或多个全连接层来将高级特征映射到最终的输出类别。

总之，卷积神经网络在图像处理和计算机视觉任务中表现出色，它的结构和设计使得其适用于捕捉图像中的层次化特征，是深度学习领域的重要技术之一。

（2）递归神经网络 RNN

递归神经网络（Recurrent Neural Network，RNN）是一种用于处理序列数据的深度学习模型。与传统的前馈神经网络不同，RNN 具有一种循环结构，它允许信息在网络内部传递并处理序列中的先前信息。RNN 在自然语言处理、语音识别、时间序列预测等任务中得到了广泛应用。

RNN 的主要特点是具有循环的神经元连接，使得网络可以保持一定的状态（记忆），并将先前的信息传递给后续的时间步。这种结构使得 RNN 能够捕捉序列数据中的上下文关系和时间依赖。

在标准的 RNN 结构中，每个时间步都有一个输入和一个输出。输入可以是当前时间步的输入特征，也可以包括前一个时间步的隐藏状态。隐藏状态在每个时间步都会更新，并在下一个时间步被传递，这使得网络能够捕捉序列中的信息。

然而，传统的 RNN 存在梯度消失和梯度爆炸等问题，导致难以捕获较长序列中的长期依赖。为了解决这些问题，发展出了多种改进的 RNN 变体，如长短时记忆网络（LSTM）和门控循环单元（GRU），它们能够更好地处理长序列和捕获长期依赖。

LSTM（长短时记忆网络）：LSTM 是一种改进的 RNN，通过引入门控机制来控制信息的流动。它具有输入门、遗忘门和输出门，这些门可以根据输入和前一个隐藏状态来控制信息的保留和遗忘。这使得 LSTM 能够更好地处理梯度问题，捕获长序列中的依赖关系。

GRU（门控循环单元）：GRU 是另一种改进的 RNN，类似于 LSTM，但它合并了输入门和遗忘门，从而减少了参数数量。GRU 通过更少的门控单元实现了类似 LSTM 的性能，同时减少了计算成本。

（3）深度强化学习 DRL

DRL 将强化学习的思想与深度学习的能力相结合，形成了一种能够在大规模、高维度的状态空间中进行决策的方法。在 DRL 中，智能体与环境交互，通过观察状态、执行动作并获得奖励来学习如何在不同状态下作出最优的行动。

核心组件包含智能体、环境、策略和价值函数。

智能体：智能体是一个学习者，它在环境中采取行动并根据奖励信号来调整其行为。智能体的目标是通过与环境的交互学习到一个策略，使其在不同状态下能够选择最优的动作。

环境：环境是智能体操作的场景，它可以是现实世界中的物理环境，也可以是模拟器或虚拟环境。智能体通过观察状态、执行动作并获得奖励来与环境交互。

策略：策略是智能体在不同状态下选择动作的策略函数。在 DRL 中，策略通常由深度神经网络表示，输入状态并输出一个概率分布，用于决定在每个状态下采取不同动作的概率。

价值函数：价值函数用于评估智能体在特定状态下的长期回报期望，帮助智能体判断不同状态的好坏程度。在 DRL 中，价值函数通常也由深度神经网络表示。

DRL 能够处理大规模、高维度的状态空间和动作空间。深度神经网络能够捕获复杂的状态-动作映射，使智能体能够学习复杂的策略。但是 DRL 训练过程中可能存在训练不稳定、收敛困难等问题。DRL 需要大量的样本和计算资源，训练时间较长。

总之，深度强化学习是一种在强化学习中引入深度学习技术的方法，能够处理复杂的决策问题，目前该方法已经在多个领域取得了显著的成就。

3.1.8　数据挖掘与机器学习在建筑环境中的应用

随着数据挖掘、机器学习等前沿技术的快速发展，普通建筑只需进行很少的基础设施改造便能经济高效地转化为智能建筑。这些先进技术彻底颠覆了传统建筑物的能源管理系统，赋予它们动态调整能源供应的能力。智能建筑包括商业（例如办公室、零售）、住宅（例如智能家居）和公共建筑（例如医院、学校）等应用场景，将传感器等设备收集的大量数据转化为有用的信息，帮助管理者更好地理解人员的行为、优化布局设计、提升能源利用效率，从而提供更好的服务和体验。

1. 建筑能耗分析

借助于仪器仪表和微控制器之间的双向通信，智能建筑可以实现对建筑物运行的全面自动控制。然而，这种自动化不仅是简单的预设指令执行，更是数据挖掘和机器学习技术的巧妙应用。通过收集并深入分析历史数据，智能建筑能够揭示出隐藏在数字背后的模式和规律，来预测智能建筑未来可能出现的情况，从而采取针对性的调整和优化。这种自主学习的能力使智能建筑能够更加智能化和自适应，在保障建筑高效运行的同时，提升了用户体验。

一个典型的例子是，当智能建筑系统感知到特定房间在某个时间段频繁有人停留，它会通过数据分析和模式识别预测用户的活动模式，从而自动调整该房间的温度设置和空调运行时间。这种智能建筑系统的自动化调节功能为用户带来了便捷和舒适，并在可持续发展方面也发挥着积极的作用。

2. 空气质量分析

在现代社会，人们越来越关注建筑环境对健康和生活质量的影响。空气质量作为其中一个重要的衡量指标，对于维持人体健康和提高生活舒适度起着至关重要的作用。数据挖掘和机器学习技术的不断发展使得监控建筑内空气质量的改善和优化成为可能。

智能建筑可以利用分布在各个楼层、各个房间中的传感器来实时感知建筑物内的空气质量情况的细微变化，采集包括二氧化碳、颗粒物浓度、甲烷等与空气质量相关的数据。数据挖掘过程不仅可以识别特定时间段内的空气污染状况，还能发现特定时间或活动对空气质量的影响。通过大量数据的分析，智能建筑系统能够预测未来空气质量的趋势，从而有针对性地进行调整和改善。这种预测模型的构建依赖于机器学习技术，它能根据当前的环境数据，快速准确地预测未来的空气质量状况。通过数据挖掘和机器学习技术的应用，智能建筑为人们提供了更健康、安全的建筑环境，推动建筑行业向着更智能、人性化的方向发展。

3.2 分布式计算模型

3.2.1 边缘计算概述

边缘计算（Edge Computing）是近些年来出现的一个概念，它是与本节后半部分介绍的云计算相对而言的，指的是从数据源到云计算中心路径之间的任意计算、存储和网络资源。随着物联网等技术的发展与大规模应用，网络边缘产生的数据正在逐步增加，如果我们能够在网络的边缘结点去处理、分析数据，那么这种计算模型会更高效。从功能角度讲，边缘计算模型也是一种分布式计算模型，具有弹性管理、协同执行、环境异构及实时处理等特点。本书将对它的发展演变、关键技术以及智能环境中的应用进行讲解。

1. 边缘计算的发展

（1）CDN

对于 CDN（Content Delivery Network）的简单理解，就是内容分发网络。CDN 描述了用户在获得信息时，依靠部署在各地的边缘服务器，通过中心平台的分发调度，能够更快地就近获得想要的信息，降低网络拥塞。1998 年，Akamai 公司提出：边缘计算就是从缓存到内容分发。

CDN 的基本原理就是广泛采用各种缓存服务器，部署在用户访问较多的区域，当用户想要获取信息时，通过全局负载技术找到物理距离最近的，工作正常的缓存服务器，用户接收到的是缓存服务器响应回的请求。

因为用户和内容的物理距离被缩短，所以 CDN 使访问网站更加快速。CDN 强调备份和缓存，而边缘计算的基本思想则是功能缓存，这实际上是借鉴了 CDN 的基本思想。

（2）微云

2009 年，开放边缘计算项目（OEC）提出微云。微云是拥有完整计算和存储能力的计算机或计算机集群，且与用户的移动设备一起，本地化地部署在同一个局域网络中，用户不需要经过核心网就可直接连接到云端。微云通过稳定的回传链路与核心网云端连接，将云端计算服务前置，在最大限度地发挥云端的处理能力的同时，又能使用户与计算资源的距离控制在"一跳"范围内。"一跳"的意思是：微云一般通过 Wi-Fi 和用户连接，所以是一跳。

微云是边缘计算的一种典型模式，边缘计算注重"边缘"，微云注重"移动"。微云和 CDN 同样强调从云服务器到边缘服务器。

（3）雾计算

雾计算（Fog Computing）这个概念由思科在 2011 年第一次提出。雾计算是相对于云计算而言的，是云计算的延伸。它并非指的是性能强大的服务器自己去进行存储和计算，而是由性能较弱、更为分散的各种功能计算机组成，渗入电器、工厂、汽车、路灯及人们生活中的各种物品。相对于云计算，雾计算离产生数据的地方更近。数据、数据相关的处理和应用程序都集中于网络边缘的设备中，而不是几乎全部保存在云端。

这样做可以降低云的压力，相当于又加了一层云计算，提高了效率。这种逻辑又被一些学者称为"分布式云计算"。

（4）MEC

2013年，IBM与诺基亚网络共同推出了全球第一款移动边缘计算平台，可在基站侧提供富媒体服务。2014年，欧洲电信标准协会ETSI给出的定义是：MEC通过在无线接入侧部署通用服务器，从而为无线接入网提供IT和云计算的能力。由于移动边缘计算位于无线接入网内，接近移动用户，因此可以实现通过超低时延、高带宽来提高服务质量和用户体验。2017年3月，ETSI把多接入的概念加入MEC中，将"移动边缘计算"拓展为多接入的"移动边缘计算"。

MEC背后的逻辑非常简单。离源数据处理、分析和存储的距离越远，延迟就会越高。多接入的含义是：接入表示使用不同的接入技术的设备都能够通过边缘计算服务器获得服务，如Wi-Fi、基站等。MEC提供了新的生态系统和价值链。运营商可以向授权的第三方开放其无线接入网的边缘，从而使他们能够灵活、快速地向移动网络用户、企业用户和细分垂直市场，部署创新的应用程序和服务。

总之，上述所说的这些边缘计算相关概念虽然是由不同组织提出的，但是大家的目标都是将云计算的能力分散到网络边缘，使用户能够更高效地使用资源，减轻中心服务器的压力，提升用户的体验。

2. 边缘计算核心技术

推动边缘计算发展的技术，主要包含了以下4种，分别是：网络技术、隔离技术、边缘操作系统以及安全和隐私保护。

（1）网络技术

边缘计算将计算分配在边缘靠近数据的位置，这样，对网络结构就有了新的要求。传统的TCP/IP架构遇到的问题有：

第一个问题是网络资源的有效利用受到限制，具体表现在单源和负载均衡两方面。单源代表了单路径的管道造成无法重复传输，时延和拥塞无法支持大规模的内容分发。负载均衡描述的是CDN，多路径等需要引入大量的额外的软硬件的支持，只针对具体的应用服务。

第二个问题是在新兴的网络环境中遇到根本性的问题。应用的目的是获取内容，但是网络却试图建立和维护链接管道。在这些新兴的网络环境，如无线移动、万物互联、灾害救援重建的环境，管道的建立和维护很困难又不必要。

第三个问题是网络安全模式的局限。例如HTTPS，重视对管道的保护而不是注重对数据的保护，结果就是对数据本身没有保护。

为了建立一条从边缘到云的计算路径，结合NDN和SDN可以实现。

NDN是以数据为中心的未来互联网架构。网络的目的是获取内容，而不是架设管道。用数据内容取代管道在网络架构中的根本地位。打破管道的限制，开放性地获取数据。用户程序希望获取数据的名字，无需目的地址。网络可以从任何地点获取数据，返回给用户，每个数据必须包含数字签名。

SDN解决了传统网络流量路径灵活调整能力不足、协议实现复杂、运维难度大和新业务升级慢的问题。SDN核心技术是通过将网络设备的控制面和数据面分离，实现网络流量的灵活控制，为核心网络及应用的创新提供了良好的平台。SDN提供了开放的可编程接口，集中化的网络控制以及网络业务的自动化应用程序控制。

同时结合 NDN 和 SDN，可以较好地对网络及其上的服务进行组织并进行管理，从而可以初步实现计算链路的建立和管理。

（2）隔离技术

隔离技术需要考虑的问题有两个。第一，要保证计算资源的隔离，应用程序之间不能互相干扰；第二，数据要隔离，不同应用程序有不同的访问权限。

任务之间相互影响会带来非常严重的后果。目前主要场景主要使用的是 VM 虚拟机和 Dockers 来保证资源隔离。

（3）边缘操作系统

边缘操作系统也是边缘计算的一种核心技术，它需要管理不同资源，并且与云和大量物联网设备进行交互。边缘计算需要一款智能的操作系统。边缘计算的硬件形态是多种多样的，有大设备，也有小设备，同时连接协议众多，业务场景非常丰富，需要有一款能覆盖痛点的系统。

HopeEdge 就是操作系统在边缘计算的实践。HopeEdge 在云和端实现快速链接，快速管理，快速部署，目前在电力物联网已经应用。传统是直接建立连接，使用 HopeEdge 是设计了一个边缘的代理，把各种设备连到电站里面，再到云上。同时云上面的应用都可以通过容器化的方式，部署到边侧，可以快速地对终端侧的数据进行处理和响应，最终做到安全的控制。未来预期是通过 AI 技术做一些设备的故障的预判等，支持在电力物联网方面的一些应用。

（4）安全和隐私保护

对于一些数据，用户不希望数据暴露，不想数据离开这些物理位置。虽然数据没有上传到云端，这样做可以降低隐私泄露的可能性，但是可能在传输到边缘节点的路上被攻击。

传统的加密方法可以对信息进行保护，来增加边缘计算的安全性，但是目前较为流行的是通过机器学习来增强系统的安全防护，这也是一个很好的方案。

通过将应用运行于可信执行环境中，并且将使用到的外部存储进行加解密，在边缘计算节点被攻破时，仍然可以保证应用及数据的安全性。

3.2.2 边缘计算关键技术

1. 计算卸载

计算卸载是将计算密集型任务从 UE 转移到边缘服务器或云服务器，以实现执行时间和能源消耗之间的最佳平衡。图 3-2 描述了 MEC 环境中的任务卸载。工作流从 UE 执行请求开始。支持计算卸载并从中受益的应用程序使用相关指标（例如延迟、资源可用性和能源消耗）进行优先级排序。对于低优先级应用程序，任务计算很可能发生在 UE 上。边缘服务器中的卸载调度是一个复杂的过程，以应对动态的多接入异构网络。计算卸载方法通常是考虑卸载决策、资源分配、移动性管理、内容缓存、安全性和隐私的联合优化解决方案。它可以被视为一个多维和多目标优化问题，并且是非确定性多项式时间（NP-hard）。

传统的优化方法，例如凸优化，通常需要有关移动用户模式和网络参数的先验知识。传统的优化方法更适合静态网络或缓慢变化的环境。相比之下，人工智能（AI）方法提供

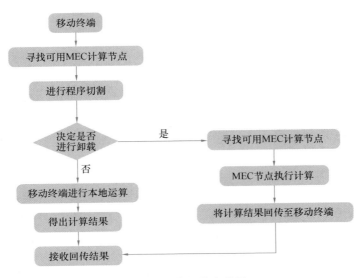

图 3-2　计算卸载步骤图

了一种解决复杂优化问题的方法。在典型的 MEC 部署中,智能计算卸载可以针对不同的计算任务预测类型、大小和计算资源等方面的需求。智能计算卸载适应动态网络环境,应对不断变化的计算任务和网络资源需求,同时保证鲁棒性和计算易处理性。

应用于 MEC 优化的 AI 算法一般分为三类:机器学习(ML)、进化算法(EA)和群体智能算法(SIA)。还有其他一些实用的算法,如模糊、智能反射面和博弈论学习,该算法已应用于 MEC 计算卸载优化,结果令人惊喜。遗传算法(GA)和蚁群算法以及粒子群优化已广泛应用于作业调度优化。遗传算法具有各种交叉和变异算子,可以处理离散和连续优化问题,可以将蚁群算法分配给 VM 以优化调度过程。ML 中的深度强化学习(DRL)已应用于资源分配、任务卸载和组合问题,DRL 是自适应的,可以有效地从经验或数据集中学习。

2. 计算迁移

移动设备要变得更小、更轻,电池寿命变得更长,意味着计算能力会受到限制。但是,用户对移动智能终端的期望越来越高,从而对计算和数据操作能力的要求也在提高,而实现这些功能则会损耗大量电池电量,如何协调这些矛盾是目前智能移动终端发展的技术瓶颈。

计算迁移技术是为了解决移动终端资源受限的问题。如图 3-3 所示,移动边缘计算的计算迁移主要包括迁移环境感知、任务划分、迁移决策、任务上传、MEC 服务器执行、结果返回六大步骤,其中任务划分、迁移决策是最为核心的两个环节。

任务划分的功能是通过某种切分算法将一个整体的移动应用划分为多个子任务,这些子任务一般分为本地执行任务和可迁移任务。其中本地执行任务是必须在移动设备上执行的任务。可迁移任务一般是不需要与本地设备交互的程序任务,该种任务计算量较大,适合迁移到 MEC 服务器上执行。任务划分完成后形成的子任务彼此之间有数据交互,又能够分开执行,是下一步迁移决策过程的主体。

迁移决策过程是任务迁移流程中最核心的一个环节。决策需要参考任务计算量、任务

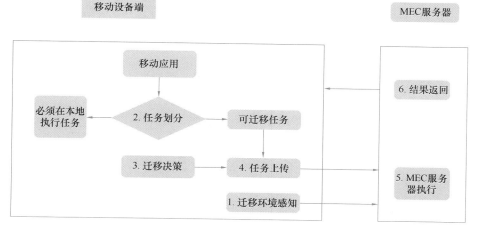

图 3-3　计算迁移步骤图

输入输出数据量等。具体决策时，会通过合适的迁移决策算法，综合考虑各项指标，例如任务执行能耗、任务完成时间、用户偏好等，选择出最优的迁移决策。迁移决策算法在整个任务迁移过程当中起着至关重要的作用。

3. 边缘缓存

由于有限的计算、存储容量和电池寿命，移动设备的性能受到限制。移动边缘计算（MEC）是一种很有前途的解决方案，可以通过视频、音频和网页等重要数据回传来减少网络任务的延迟。MEC 边缘服务器提供计算和存储资源，可作为缓存节点存储用户请求的热门内容。微软、谷歌和 Facebook 等最重要的互联网服务提供商正在边缘开发他们的服务，以便于为移动用户提供服务。通过开发 MEC 服务器并在这些边缘服务器而不是传统的云系统中执行大部分任务，可以减少延迟和能耗。

移动边缘服务器上的缓存称为移动边缘缓存，这也有助于减少移动流量和内容交付延迟。假设许多用户在不同时间发送访问流行内容的请求。在那种情况下，由于这种流行内容的重复传输而产生大量的网络流量。在边缘服务器上缓存流行内容可以减少用户访问的回程时间，同时防止重复数据传输。在边缘缓存流行内容可以显著减少任务请求的延迟并提高体验质量（QoE）。

现有的技术方案主要有 LRU 算法和 LFU 算法。不足之处在于：LRU 算法是最久未使用的数据，就最容易被淘汰，但是有可能这个数据访问次数很多，也是流行的数据。LFU 算法是最少使用频次的数据最容易被淘汰，但是有可能这个数据被使用不久，说明是新的流行数据，不应该被轻易淘汰。

4. 安全和隐私保护

计算卸载需要隐私保护的支持。特别是，将包含敏感用户信息的计算任务卸载到边缘服务器可能会以多种方式导致隐私泄露。例如，由于用户的卸载模式通常与其信道状态和使用习惯密切相关，因此对手可能能够通过分析用户卸载行为的统计数据来提取敏感的用户信息。此外，由于卸载的任务在 MEC 中无线传输，窃听者可能会偷听传输的信息。此外，MEC 是一个由不同服务提供商控制的开放生态系统，当边缘服务器不受信任或受到损害时，用户隐私将受到侵犯。隐私泄露的后果远不止信息泄露那么简单。例如，社会安全号码和银行账户信息等敏感用户信息的泄露可能会给用户造成巨大的经济损失。此外，位置信息的暴露可能会给用户带来严重的安全问题，例如成为抢劫和其他犯罪行为的目标受害者。

目前，边缘计算主要存在四个风险，分别是：认证授权风险、基础设施及用户设备安全风险、分布式多安全域间通信风险和隐私泄露风险。

通过管理卸载数据和模式来保护隐私的基本思想是认真决定卸载什么以及何时卸载。具体来说，将这些方法分为四类：①通过加密卸载保护隐私；②通过隐藏卸载模式保护隐私；③通过任务划分保护隐私；④隐私保护通过基于 AI 的方法进行保护。

也可以通过安全传输卸载数据来保护隐私。由于卸载的任务是通过无线链路发送的，窃听者可能会偷听传输并拦截敏感的用户信息。作为对传统密码学方法的补充，物理层安全卸载也是必要的。

还可以通过选择卸载目的地来保护隐私，在卸载时，可以通过正确选择卸载目的地来保护用户的隐私，并且有必要设计适当的卸载目标选择算法以确保用户的隐私。相关的现有方法可以分为基于信任的卸载目的地选择、通过多服务器卸载的隐私保护、位置隐私感知的卸载目的地选择和基于 AI 的卸载目的地选择。

3.2.3 基于边缘计算的建筑环境智能模型

1. 边缘计算在建筑环境中的应用

随着科技的不断进步，人们对于建筑的智能化、安全性和可持续性的期望也在不断提高。现阶段对于建筑的管理主要依赖于人工，效率低，无法自动根据建筑的使用情况及时进行调整，很容易造成资源浪费。智能建筑的出现满足了人们的需求，将物联网、云计算、边缘计算等新技术嵌入智能建筑中，通过使用各种自控系统，可以提升建筑能效并保障建筑安全，使人们能够与周围环境建立联系，从而更加舒适和便捷地生活。

当前大部分的建筑环境智能都是以云计算的方式来存储和处理数据的，这种方式存在一些问题。建筑环境中的传感器每时每刻都会产生大量的数据，这些数据包括环境温度、湿度、空气质量等。若将其都上传至云端进行处理，会耗费大量的网络带宽，降低网络的效率。而且由于云端和终端设备之间的距离较远，数据传输会有延迟，导致实时性差，而且无法保证数据的隐私性。为了解决这些问题，边缘计算应运而生，边缘计算主张在网络边缘即数据源附近对数据进行处理和分析。

边缘计算具有以下优点：①降低网络带宽需求：边缘计算通过将计算和数据存储移动到数据源附近，近距离处理数据，而不是将数据上传至云端进行处理，降低了网络带宽需求。②提高响应速度：边缘计算可以使得计算和存储资源更快地响应用户请求，满足虚拟现实、混合现实等应用对于时延的严格要求，从而获得更高层次的体验。③提高可扩展性：边缘计算可以在不重新构建系统的情况下，添加具有处理能力的新物联网设备，降低了扩展成本，并且允许系统在运行中动态负载平衡以优化服务。④提高系统的可靠性：边缘计算可以在网络连接不稳定时无障碍地获取数据，保障系统正常运行。此外，由于边缘计算将资源分散到各个设备上，当一个设备出现故障时，不会影响其他设备的运行，增强了系统的可靠性。

人们对于建筑环境智能的设想包括很多应用场景，如入口处权限检测、智能控制灯光、智能电梯、智能车库等，未来这些智能场景将会被广泛应用于医院、学校、办公室、商场等场所。将边缘计算应用到建筑环境的各个应用场景的描述如下：

（1）入口检测：在入口处部署摄像头和边缘计算设备实现实时人脸检测和识别。通过摄像头实时采集人脸图像并传输给边缘设备，边缘设备对采集到的人脸图像进行分析，将识别出的人脸特征与预先注册的人脸特征库进行匹配，如果识别出的人脸特征与库的某个特征匹配，则认为是已经登记过的人员，并允许其进入建筑物内。如果识别出的人脸特征没有与库中的任何特征匹配，则认为是未登记人员，可以提醒工作人员进行核查。

（2）控制灯光、空调等设备：在建筑中部署传感器和感应装置，通过传感器采集建筑中人们的位置分布和环境数据（如温度、湿度、光照等）并传输给边缘设备。边缘设备对采集到的数据进行分析，确定对照明、空调等设备的控制策略，然后向各类设备发送控制指令。边缘计算在控制灯光、空调等设备场景中的应用，可以帮助提高建筑的舒适度和能效，降低建筑运行成本。

（3）电梯：在电梯中部署传感器和控制器，通过传感器采集电梯运行数据（如位置、速度、负载等）并传输给边缘设备，边缘设备对采集到的数据进行分析。如果是处理电梯等候时间，边缘设备可以优化电梯运行策略以缩短等候时间。如果是负载均衡，边缘设备可以根据负载调整电梯运行策略以均衡负载。边缘计算在电梯场景中的应用，可以实现对电梯运行状态的实时监控和控制，帮助缩短等候时间，提高电梯使用效率，使负载均衡，增强用户体验。

（4）车库：在车库中部署传感器和摄像头，通过传感器采集车位占用状态、用摄像头采集车辆图像并传输给边缘设备。对于车位占用状态，边缘设备可以通过算法分析图像实时判断车位是否被占用，然后发送给系统更新车位状态。对于车辆管理，边缘设备可以通过车牌识别算法识别车辆车牌并结合数据库记录车辆信息，实现进出场管理。在智能建筑中，边缘计算可以有效地管理车库中的车辆流量，提高停车效率。

2. 建筑环境中的边缘计算架构

边缘计算对传统云计算的集中处理模式进行了改进，通过在终端设备和云数据中心之间引入边缘设备，在网络边缘处为用户提供更优质的服务。边缘计算模型通常由三层架构组成，分别是终端层、边缘层和云层。图 3-4 展示了边缘计算模型的三层架构，其各层的组成和功能描述如下。

终端层：终端层是物理上最接近它们所服务的用户的一层，通常由各种不同类型的物联网终端设备（如传感器、感应装置、摄像头等）组成，这些终端设备被部署在建筑的各个区域，使建筑环境变得更加智能。终端层的主要功能是负责感知周围环境，收集数据，并将其传输给边缘层。由于终端设备的资源受限，通常不考虑终端设备的计算能力。

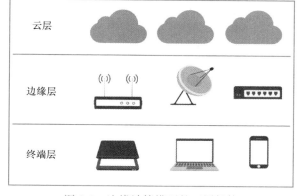

图 3-4　边缘计算模型的三层架构

边缘层：边缘层位于终端层和云层之间，包含许多边缘节点，这些终端节点既可以是传感器、摄像头等智能终端设备，也可以是交换机、路由器、网关、基站等网络设备。不同边缘节点的计算负载能力不一样，可以将一些机器学习算法和深度学习算法部署在负载能力大的边缘节点上处理各个来源的数据，在这些边缘节点上执行图像识别、视频分析、语音识别、目标检测等功能，获得高级的预测和分析，帮助系统作出最佳的决策。在靠近数据产生的网络边缘处对终端层收集的数据进行处理和分析，降低了将数据远距离传输到云端所带来的延迟，减少了数据传输所带来的损耗，极大地提高了响应速度。

云层：云计算中心在边缘计算架构中仍然发挥着重要的作用。云计算中心由若干高性能计算机和存储设备组成，能够提供比边缘层更加强大的计算能力以及数据的持久化存储，可以将一些对延迟要求较小的应用程序部署在云数据中心，以减少边缘层设备的负载压力。同时云层可以为边缘节点提供数据备份和恢复能力，并且负责边缘设备的管理和升级，提供系统监控和维护，以确保边缘计算系统的可靠性和稳定性。

在边缘计算模型中，边缘层和云层相互协作。例如云计算中心可以帮助边缘节点对使用的机器学习算法进行训练，而边缘节点则可以作为中继器，将数据从物联网终端设备传输到云计算中心。但是这种协作是有通信代价的，边缘计算系统需要考虑如何优化这种协作，以降低通信代价并提高系统整体性能。另外，边缘计算还可以通过采用数据压缩、编码和加密等技术来优化数据传输，减少网络带宽的消耗。同时还要考虑边缘节点的能耗问题，通过设计低功耗的边缘节点、优化计算策略等来降低能耗。

3. 边缘计算在火灾报警系统的应用

随着社会经济的不断发展，人们对于火灾报警系统的需求也随之增加，人们希望建筑环境智能能够对各种紧急情况作出反应，以便及时采取有效措施进行防护。火灾报警系统是建筑环境智能的关键系统之一，火灾报警系统对及时挽救人们的生命和减少财产损失至关重要。在大多数情况下，火灾发生在无人居住的房间中，人们无法及时发现火灾的发生。而且现阶段消防人员能够获取的现场有效数据十分有限，救援人员往往凭过往经验来进行决策，无法采取有效的措施开展救援活动。而火灾报警系统能够及时发现火情并向人们发出警报，同时也可以提供足够多的信息来帮助消防人员开展救援工作。

及时性和准确度是火灾报警系统的两大关键指标。当前基于云计算架构的火灾报警系统由于大规模数据传输会产生额外的延迟，不能满足这两个指标。为了解决这个问题，人们在边缘计算的基础上，建立了一种新型的应用于智能建筑的火灾报警模型。该模型可以在建筑智能环境本地的边缘节点对各种类型的数据进行处理和分析，避免了因大规模传输数据或网络不稳定等因素所带来的延迟，满足了人们的需求。

基于边缘计算建立的火灾报警系统方案如下：在建筑物中安装大量的物联网终端设备（如甲烷传感器、一氧化碳传感器和摄像头），这些终端设备可以感知与火灾相关的建筑环境指标，将测得的数据传输给本地边缘节点。本地边缘节点会对接收到的数据进行处理和分析，对异常数据进行关注。当异常数据超过预先设定的阈值时，则认为发生了火灾。本地边缘节点会向其余边缘节点发送警报，打开消防应急照明灯和消防疏散通道沿路照明灯，并向该区域内的手机、电脑等智能设备推送疏散警报和逃生路线，开始响起警报声。除此之外，它还可以及时与消防部门进行沟通，将着火点的位置、火灾蔓延的趋势、建筑物的平面图、被困人员的数量及位置等信息传送给消防人员，以便他们及时、有效地开展救援活动。通过将摄像头拍摄的火灾现场画面和感应装置检测的被困人员分布情况实时转化成有效信息传送给消防响应人员，有助于规划救援路线，让他们避开危险区域，保障了消防响应人员的安全。

基于边缘计算的火灾报警系统，将对数据的计算和存储移动到网络的边缘，在本地的边缘服务器上进行处理，节省了数据远距离传输的成本，极大地缩短了系统的响应时间。火灾报警系统的应用既能够有效地预防火灾，又能够有效地阻止火灾的进一步扩大，能够使因火灾造成的生命和财产的损失降到最低，营造了良好的消防安全环境。

Mahgoub 等（2020）设计了一个基于边缘计算的火灾报警系统实例。该系统首先是进行火灾的识别。传感器（如温度、烟雾、CO、湿度和甲烷传感器）通过传感器节点感知环境，并将测量的参数传递给它们所连接的微控制器（即 NodeMCU-ESP8266 芯片），微控制器评估和比较测量参数与预定义的阈值。如果超过阈值，则触发本地警报，并向桥节点发送消息以通知中心节点。发送到中心节点的火灾警报触发 4G 模块以通知消防部门和用户。此外，传感器周期性地通过桥节点汇报感知数据到中心节点。如果感知节点不能直接到达桥节点，它会将数据包转发到最近的节点，并且数据包将继续在节点上跳，直到最终到达桥节点。

该系统的另一个功能是用户能够查询传感器的实时测量结果。请求由用户通过 SMS 或通过驻留在中心节点上实现的 Web 服务器上的网页发送。中心节点通过 4G 模块接收用户的查询，获取传感器最近存储的值发送给用户。

中心节点同时要跟踪和监视传感节点，在它们发生故障时会提醒用户。如果某个节点没有响应中心节点，系统将产生一个本地警报——特定频率的蜂鸣器，并向用户发送短信，警告他们出现问题，以便进行维护。

该系统节点形成网状网络，每个传感节点可以同时作为单个节点的站节点（STA）和多个节点的接入结点（AP）。此配置应保证数据包到达中心节点，并且所有节点之间都可以相互访问。

现阶段建筑物中不同的子系统没有集成到一起，不同子系统之间不能进行相互协作。未来随着边缘计算技术的不断完善与改进，将能够实现建筑环境中不同子系统之间的集成与协作，使用户能够更好地控制和管理建筑物的各项设备和系统。将建筑中的火灾报警系统与其他子系统集成到一起有很多好处。首先，集成可以增强系统之间的协作，使每个子系统能够与其他子系统相互配合工作。例如，如果火灾报警系统和空调系统集成到一起，当火灾报警系统检测到火灾时，空调系统可以自动关闭，防止火灾蔓延。其次，集成可以提高系统的整体效率和可靠性。因为各个子系统相互协作，所以可以更快地作出反应，并且系统的总体故障率也会降低。

4. 边缘计算在智能建筑应用中面临的挑战

将边缘计算技术应用到建筑环境中，将计算和存储资源从远程云计算中心带到数据源头附近的边缘节点上，虽然提高了数据处理的效率，缓解了网络带宽压力，但也面临着一些挑战。

（1）服务管理问题

智能建筑通过物联网设备在网络边缘部署了多项服务，以满足用户提出的更加舒适、更加便利、更加节能的高要求。这些服务应该按照相关属性分为不同的优先级，级别高的服务先被执行，例如可以根据任务的紧急情况为服务分配不同的优先级，这样火灾报警服务的优先级远远高于照明、空调等服务的级别，有利于及时发现火情、疏散人群，减少生命财产损失。优先级的设置将有效减少高优先级任务的等待响应时间，给用户良好的体验。然而，现阶段有关级别划分的相关算法较少，未来还需对其进行进一步的研究。

（2）任务的分发与调度问题

随着物联网设备的不断增加，边缘计算产生的数据也在增加。现阶段边缘计算节点（如交换机、路由器、基站等）通常都有自己的工作负载，其工作负载的优先级远远大于作为边缘服务器处理数据的优先级。若被分配的数据规模过大，则会使边缘节点负载过大，这可能会影响系统的性能和用户的体验。如何将复杂的计算任务分割为多个子任务，并合理分配给不同的边缘服务器进行处理是一大难题。因此，需要进一步优化资源分配和任务调度算法，获得有效调度方案。

（3）标准规范体系和法律监管尚不完善

智能建筑的边缘设备涉及来自不同供应商的各种硬件和软件的结合，不同供应商制造的设备使用的协议、接口类型和平台等方面存在差异，如何让这些设备相互协作以满足计算的需求是一大难题。政府及相关企业应积极探讨构建边缘计算的标准规范体系，完善相关的法律法规，部署升级边缘计算相关的基础设施，以加快边缘计算赋能智能建筑的发展进程。

（4）数据的隐私和安全问题

采用边缘计算构建的智能建筑，使用了大量的物联网终端设备来获取用户生活的环境中的数据，这些数据包含了大量的敏感隐私信息。相对于传统的云数据中心，边缘节点的资源受限，缺少有效的安全保护，一旦遭到黑客攻击，这些信息将被泄露。同时大多数边缘计算设备都会通过有线或者无线的方式连接到互联网，这就意味着这些边缘计算设备都将可能成为攻击潜在的入口点，扩大了攻击面，对存储在边缘设备中的数据来说是一项重大的安全挑战。传统的安全保护方案不能很好地满足边缘计算的安全需求，因此，要构建更有针对性的安全体系。

随着国家可持续发展战略的提出，边缘计算得到越来越多的关注，边缘计算在建筑环境中的应用可以帮助检测和优化建筑的能源使用情况，支持建筑自动化系统，以更高效地管理建筑的能源使用。随着边缘计算相关标准规范体系和基础设施的完善，未来边缘计算将能够为建筑环境带来更多的可能性，在可持续发展中发挥更大的作用。

3.2.4 云计算概述

什么是云计算？云计算其实离我们的生活并不遥远，如双 11 购物、春运返乡购票、银行账户交易等都离不开云计算，可以说云计算技术已经走入了千家万户，成为生活中像自来水、天然气一样不可或缺的基础设施。当我们把水龙头打开的时候，水会立刻流淌出来，可以此类比云计算的灵活敏捷，当用户需要计算资源时，只要在公有云上申请，数分钟内即可就绪，相较于传统的从购买服务器开始的资源准备模式，云计算所需的时间快如闪电。此外，在自来水系统中，需要多少水是我们自己决定的，可以通过调节水龙头开关的大小来满足需求，云计算也一样，计算资源可以按照需求快速扩展或缩减。还有一个关键点：费用，在生活中，使用多少水，就付多少水费。其实云计算也是一样，包括但不限于 CPU、内存、磁盘空间、流量等计算所需的一切资源，均具有一个基础定价，用多少资源，就付多少费用。

以上是对云计算特性的一些举例比喻，想必大家应该对它的概念有一个感性认知了，下面将具体介绍云计算的三种类型：公有云、私有云和混合云。不同类型的云分别具有不同水平的安全性，分别需要客户进行不同程度的管理。

1. 云计算的基本类型

公有云的所有计算基础设施都部署在云提供商内部，由云提供商通过互联网向客户提供服务。客户不需要进行维护，就可以按需、快捷地添加更多用户或计算能力。在这种模式下，多个租户共享云提供商的基础设施。公有云具有经济高效的特点，且通常采用多租户模式，也就是说，云提供商在共享环境中运行服务。

私有云即由一家企业专有的云。它既可以部署在企业内部，也可以部署在云提供商的数据中心里。无论哪种方式，它都能提供最高级别的安全性和控制能力。近年来，"企业如何搭建私有云"在各大平台上的搜索量持续增长，在私有云部署模式中，服务通过受防火墙保护的私有网络进行维护。企业既可以在自己的数据中心构建私有云，也可以租用由供应商托管的私有云。私有云拥有最高的安全性和可控性。

混合云顾名思义就是公有云和私有云的混合体。在实践中，很多混合云客户会将业务关键型应用托管在自己的服务器上，以获得更高的安全性和控制能力，而将相对次要的应用存储在云提供商的服务器上。在混合云部署模式中，企业既可以使用传统数据中心或私有云保存敏感信息，又可以充分利用公有云资源。表 3-1 对三种类型的云作出详细对比。

公有云、私有云与混合云对比 表 3-1

	公有云	私有云	混合云
环境	共享计算资源	私有计算资源	兼具公有和私有资源
自动扩展能力	强	有限	强
安全性	良好，但取决于供应商的安全性	最安全，所有数据均存储在私有数据中心	非常安全，敏感数据存储在私有数据中心
可靠性	中等，取决于互联网连接和服务提供商的可用性	高，所有设备均部署在本地或由专门的私有云提供商托管	中到高，在一定程度上取决于服务提供商的可用性
成本	低，按需付费，无需支付本地存储和基础设施费用	中到高，可能需要本地资源，例如数据中心、电力和IT人员	中等，按需付费与本地资源相结合
适用对象	希望节约成本同时灵活运用IaaS（基础设施即服务）和SaaS（软件即服务）的企业	政府机构、医疗服务提供商、银行以及任何需要处理大量敏感数据的企业	既想保护关键应用和数据隐私，又希望使用公有云服务的企业

2. 云计算的主要服务

云计算服务主要分为三类：软件即服务（SaaS）、平台即服务（PaaS）和基础设施即服务（IaaS）。云的世界中并不存在一种普适型服务，企业需要根据自己的业务需求来选择适合自己的解决方案。

SaaS 是指软件即服务，即软件托管在远程服务器上，客户可以随时随地通过 Web 浏览器或标准 Web 集成进行访问。SaaS 服务提供商负责软件的备份、维护和更新。SaaS 解决方案涵盖 ERP、客户关系管理（CRM）和项目管理等领域。一个非常常见的 SaaS 示例是 Web 电子邮件服务，例如 Gmail、Outlook，它是一个完整的产品，可以立即用它来发送和接收邮件，而无需设置邮件管理服务器。同样，OneDrive、Dropbox 也是 SaaS。这些（网站）软件提供所有必要的功能，如硬盘驱动器，用户可以上传数据，并通过互联网返回。

PaaS 是指平台即服务。这是一种基于云的应用开发环境，能够为开发人员提供构建和部署应用所需的一切。借助 PaaS，开发人员可以通过订阅或按使用付费的方式选择所需的功能和云服务。

IaaS 是指基础设施即服务。借助 IaaS 服务，企业可以通过按使用付费的方式，"租用"服务器、网络、存储器和操作系统等计算资源。而且，基础设施会不断拓展，客户无需投资硬件。

目前，IaaS、PaaS 领域的技术已经越来越成熟，而且这部分技术相对通用。相比之下，SaaS 服务具有很强的行业属性和定制化需求，虽然目前已经有了 Salesforce 这样非常优秀的 SaaS 云服务商，但是离满足市场需求还有很大的差距。

云计算会继续向行业化方向拓展，今天已经出现的众多行业化的云还是粗粒度的，未来会进一步细分，以便更好地满足客户的精准需求。例如，金融云未来可能进一步细分为银行云、证券云、保险云。业务中台也可能进一步细化成汽车行业业务中台、能源行业业务中台、银行行业业务中台等。

3. 云计算的发展方向

随着云原生技术的不断发展，容器、Serverless、AIOps 等技术的不断涌现和成熟，云会进一步智能化，具体体现在以下几个方面：

业务配置化：微服务、服务网格、业务中台、数据中台等理念和技术的出现，使业务的新增与裁减变得更简单，可以通过插拔的方式进行业务的灵活调整。

资源透明化：Serverless 逐步发展、演进成 FaaS（功能即服务），当前主要集中在把 IaaS 资源透明化方面，未来会进一步拓展到把业务能力抽象化、透明化方面，从而进一步向上发展，提供更强大的无服务器编程和编排能力，进一步优化基础资源、降低应用系统的使用成本。

扩展自动化：云计算本来就具有很强的扩容/缩容能力，容器的大规模使用进一步提升了这方面的能力。根据长期业务的实际运转情况设定相应的扩缩容规则，可实现一定程度上的自动化容量管理，进一步提升资源使用率，降低成本。

3.2.5　云计算技术在建筑环境智能中的云边端一体化应用模式

随着云计算、物联网、大数据、人工智能等技术的蓬勃发展，建筑环境也踏上了智能新浪潮。智慧建筑的出现代表着告别了只考虑钢筋水泥的传统建筑时代，透过建筑环境的砖瓦我们更应该看到潜在的海量环境数据。

建筑环境智能以环境数据为基石，基于云计算、物联网等各类智能化技术的综合应用，集架构、系统、应用、管理及优化组合于一体，具有感知、传输、记忆、推理、判断和决策的综合智慧能力，形成人、建筑、环境互为协调的整体，为人们提供安全、高效、便利及可持续发展功能环境的建筑。

基于物联网和云计算的建筑环境智能在感知、传输、应用3个层面进行信息化建设，并以数据源管理、数据中心建设和服务中心为主进行构建。其中最底层的是由检测仪表和传感器组成的数据采集端，分为温度感知网络、亮度感知网络、湿度感知网络和设施运用感知网络；中层为数据传输为主的网络传输层；上层为云计算平台，为整个系统提供云数据中心和云服务中心。

感知互动层由现场监控端、传感设备和仪表构成，具备建筑环境监测数据采集、信息生成现场视频信息采集、环境温湿亮度感知、现场设备维护管理身份识别与记录、身份识别（RFID）与定位（GPS）等功能。通过这些感知设备，可以对建筑环境监测对象的状态、参数及位置等信息进行多维感知和数据采集。

网络传输层是由传感器网络、无线网络、有线网络等多种网络形态组合于一体的高速、无缝、可靠的数据传输网络组成，能够灵活快速地将感知数据传输至云计算数据中心，更加全面的互通互联将各类监测装备进行联网数据传输，从而实现建筑智能控制。

云计算平台是数据存储、分析平台。建筑环境是具有多种系统的异构环境，若要连接到云端，就需要并支持跨系统的集成。为此引入云边端一体化模式，旨在屏蔽云、边、端分布式异构基础设施资源，提供统一视角资源管理和使用，实现数据自由流通、业务应用统一运行环境，构建立体化安全保障能力，满足多样化、实时敏捷、安全可靠业务需求。

来自终端或网络边缘的数据往往具有异构粗糙、噪声多、数据联系稀疏等特点，这使得数据的加工处理变得异常困难，同时，终端应用通常对数据处理的实时性要求又比较高。为了提高感知互动层数据的管理和存储效率，云平台层需要对数据进行抽象，抽取有用的信息对其进行表达。若数据抽象过滤掉较多的源数据，将导致一些应用或服务程序因无法获得足够多的信息而运行失败；反之，若保留大量源数据，管理和存储难度将变得较大。可以根据分布式压缩感知方法，利用数据的稀疏性与相关性，以获取历史数据的类别特征，从而对环境数据进行抽象表达。环境数据抽象表达步骤可分为节点感知数据的特征获取、汇聚节点历史数据的特征获取及基于稀疏系数分类3个步骤。

数据的安全及隐私保护是云计算提供的一种重要服务。如果在建筑内部部署IoT系统，大量的隐私信息可能会被恶意节点捕获，导致传感器节点所承载的隐私信息无法得到有效保护。恶意节点可以通过对数据的篡改或丢弃，破坏数据的隐私性和完整性；恶意节点也可以从传感器节点获取节点参与任务和感知数据等相关信息，造成系统信息泄露。针对上述攻击行为造成的隐私信息泄露问题，可以从恶意节点检测、隐私信息加密两个方面出发：①当恶意节点发起攻击时，其交互行为与正常节点有较大差别，可以对网络中节点交互行为进行分析，挖掘恶意节点发起攻击时的行为规律，探索恶意节点与正常节点的行为特征差异，评估节点行为特征向量；进而借助机器学习中的分类算法，对节点行为的特征向量进行学习，根据节点行为的差异对节点进行分类；最终实现恶意节点检测。②隐私信息加密可以从节点身份隐私加密和节点数据隐私加密两方面出发，对节点隐私信息进行加密。其中，节点身份进行隐私加密可以使用假名策略和盲身份对节点身份进行隐私保护，节点数据隐私加密可以对数据进行分片传输，保证数据在传输过程中即使被攻击者获取，攻击者也无法恢复出完整的数据信息。

环境数据经过预处理后进入分布式存储，分析计算技术的核心是分布式计算能力，也就是希望通过业界主流的分布式计算框架与云平台基础内核实现深度融合。目前主流的计算框架以 Hadoop 的 MapReduce 和 Spark 为主。

MapReduce 最早是由 Google 公司研究提出的一种面向大规模数据处理的并行计算模型和方法。基于该框架用户能够容易地编写应用程序，而且程序能够运行在由上千台商用机器组成的大集群上，并以一种可靠的、具有容错能力的方式并行处理 TB 级的海量数据集。可以说 MapReduce 是第一代的大数据处理框架，也在大数据应用的初期应用在很多生产环境中。

Spark 的出现要晚于 MapReduce，但是其依靠了 Scala 强有力的函数式编程、Actor 通信模型、借助于统一资源分配调度框架 Mesos，进而融合了 MapReduce，产生了一个简洁、灵活、高效的大数据分布式处理框架。可以说 Spark 结合了 MapReduce 的优势也解决并弥补了 MapReduce 的诸多不足，成为新一代大数据处理框架。由于 Spark 很好地利用了内存处理优势，性能与 MapReduce 相比有数量级的优势；同时 Spark 可以独立运行，兼容 Hadoop、YARN、HBase 等相关技术，支持多种开发环境，特别是比 MapReduce 更好地支持实时流计算等，因此选择 Spark 作为分布式计算架构实现融合。

通过上述平台，我们希望探索出一种会计算、能交互、易管理的云平台模式。

会计算体现在充分利用存储的数据，对用户的行为进行预估和判断。为解决在算力方面的痛点，依托于自建的数据中心，能够提供高性能计算。同时结合 AI 和大数据应用，全面支持多种 GPU 应用程序、深度学习框架。既能实现较高的计算处理性能，又在能效比、内存支持，以及 GPU 本身的架构上具有很大的优势。

能交互体现在能够利用绿色技术节约资源，减少能源消耗，延长建筑使用寿命，提升建筑使用体验效果，采用绿色、环保、节能理念，配备高等级、高标准的基础设施，全面保障数据中心的安全稳定运行。

易管理体现在通过信息收集，提升用户居住、办公体验，打通建筑内部的管理壁垒，建立起高效的联动机制，从而建立高效、快速的工作机制。

由于建筑环境数据量大且结构复杂，在处理数据的计算时延、带宽成本方面仍有待进一步优化。距离用户不同地理位置、资源规模的算力，呈现云边端三级架构，推动算力泛在化部署发展。云端负责统一管理和大规模计算，边缘进行数据敏捷接入和实时计算，终端实现泛在感知和本地智能，通过云边端一体化的算力资源管理、智能调度，实现低时延、成本可控的算力服务，满足更多行业场景对算力的需求。

3.2.6　基于云边缘设备架构的中央空调节能与控制框架

基于云边缘设备架构的运行模式具有低时延、高可靠性和安全性的特点，适合中央空调控制中对实时性要求高的需求。例如，在架构中，将网络转发、存储、计算、智能数据分析等功能部署在边缘层，可以有效降低响应延迟、云压力和带宽成本。此外，该架构还可以提供全网调度和计算能力分配等云服务。整个中央空调节能与控制框架包括物理层、终端数据感知层、终端智能控制层、边缘设备层和虚拟云空间双生层。该框架提供了一种基于边缘云计算的运营模式，将云计算技术与边缘计算能力相结合。此外，该框架代表了边缘基础设施上灵活的云计算平台，形成了云边缘设备协作。

1. 物理层

中央空调是由机组、运行环境、建筑物、人员等组成的强耦合系统。例如，调节冷却水流量或冷却塔功率对冷水机组的运行功率有连锁反应。此外，室内外环境、房间朝向和人数对节能调节策略也有影响。因此，节能优化分析应充分考虑这些影响因素，不仅包括中央空调本身，还包括安装中央空调的建筑、环境因素以及空调服务的人群。其中，中央空调机组包括制冷主机、冷却塔、冷却水循环管道、冷却水泵、冷冻水泵、冷冻水循环管道、终端装置等插入子部件。运行环境是指对建筑物温度和湿度有较大影响的因素，如室外温度、相对湿度、风速等。建筑物指的是建筑本身的楼层高度、面积、房间朝向等，这些因素也影响着空调的节能控制。人员是指服务对象，节能调节的目的是在保证每个人热舒适的前提下，降低系统能耗。

2. 终端数据感知层

终端数据采集的多样性和完整性是保证节能优化和控制策略准确性的前提。终端数据感知层用于采集中央空调运行数据、室内外环境数据、建筑信息、人流数据等。针对这些多源异构状态数据，终端数据感知层基于 MODBUS、485、ZigBee、Wi-Fi、4G、5G 等多协议融合技术，设计了相应的终端数据感知层子模块。主要包括室内温湿度采集模块、空调主机运行数据采集模块、冷却塔运行数据采集模块、冷却水泵和冷冻水泵运行数据采集模块、终端设备运行数据采集模块、室外环境实时信息采集模块和建筑流量采集模块等。

3. 终端智能控制层

终端智能控制层通过对物理层的空调主机、冷却水泵、冷冻水泵、冷却塔及终端设备进行在线实时调节，实现虚拟控制和节能优化。控制层主要由控制策略、控制设备、控制方法和控制系统组成。其中，控制策略包括实时控制策略和提前控制策略。实时控制策略是指基于感知层状态数据的控制系统，计算当前室内人体舒适度是否在舒适范围内。若超过额定范围，则计算各子部件需要调整的功率，调节中央空调的功率。而提前控制策略是控制系统根据房间的使用时间和用户数，包括空调提前开启时间、设定温度、风速等，提前调节指定房间内的终端风机。此外，提前控制策略可以避免非使用期间的能源浪费，并可以在规定的时间内保证房间内人体舒适的适当范围。

4. 边缘设备层

边缘设备层由部署在室内和室外的边缘设备组成，可以为终端提供基础服务，如查询本地设备运行历史数据、预处理云端上传的数据等。首先，边缘设备层对终端数据感知层采集的空调、环境、建筑、人体等数据进行过滤和整合。其次，将处理后的数据上传到云服务器的双数据库中，实现历史数据的本地存储。同时，设备层接收云层发送的控制策略，然后将其分解为调整指令，最后传输到终端智能控制层的控制系统。

5. 云虚拟空间双生层

双生层是指物理层中与空调运行全过程相对应的虚拟对象，包括双生数据、双生模型和优化引擎。其中，双生数据来自终端数据感知层，可以保证双生模型的高保真度。双生模型不仅包括中央空调的三维结构模型，还包括过程模型、仿真优化模型和机理模型。这些模型在几何结构、状态、行为、功能等方面与实体保持一致，如热舒适预测模型、中央空调节能优化控制策略模型等。另外，双生层具有数据中心和业务中心的作用，可以进行模型校正、模型融合和环境配置。

这些层通过功能接口进行交互。例如，将终端数据感知层采集的通用异构数据传输到边缘设备。数据经过边缘设备层过滤后，上传到云服务器。另外，可以将数据保存在本地，有效降低云服务器的压力，如历史操作的查询功能。云服务器通过计算热舒适度，预测室内人的舒适度变化，并制定控制策略，由云服务器发送到边缘设备层，然后将控制策略分解为调整指令。终端智能控制层接收边缘设备层对指定的中央空调设备发出调整指令。

可以看出，该节能框架实现了数据采集、数据处理、数据传输、智能节能优化、反馈控制的闭环。最后，该框架有潜力在人体舒适的背景下保证建筑中央空调的最小能耗。

3.3　上下文感知技术

3.3.1　概述

上下文感知技术可以实现对周围环境、位置等上下文信息的自动搜索和利用，为用户提供服务和计算资源。随着信息检索、移动计算、电子商务、物联网、智能家居、环境监测、医疗、军事等多个应用领域的需求，上下文感知技术在这些方面的应用越来越受到重视。将上下文感知计算应用于建筑环境智能领域以提高建筑内用户体验和智能系统性能也已成为学术界和工业界关注的热点之一。

3.3.2　上下文感知的基本概念

1. 上下文的概念

情境代表了一个总体环境，在这个环境中发生的互动是由上下文定义的，并且互动也会随着对情境理解的变化而调整。上下文信息的含义对每个人来说都是不同框架上下文信息的含义，对每个人来说都是不同的模式。以前的学者大多是用列举的方法来定义上下文，例如 Schilit 把它分成 3 个类别。

（1）计算上下文：诸如网络的可用性、网络带宽、通信开销、周边打印机、显示器等资源；

（2）用户上下文：包含使用者的性格、地点、周围的人员以及人员间的社会关系等；

（3）物理上下文：例如光的亮度、噪声的大小、交通状况、气候、温度等。

概括而言，上下文是指环境自身和环境中各个实体所表达或暗示的用于描述其状况的任何资讯，包括其历史状况。在这种情况下，实体可以是人、地点等物理实体，或者是诸如软件、程序、网络连接等的虚拟实体。而上下文感知计算是一种能够发现和有效地使用上下文信息（如用户的位置、时间、环境参数、邻近设备和人员、用户活动等）的计算模型。

2. 上下文的获取

在上下文感知的研究与应用中，环境信息的获取是在系统的数据收集阶段，它的获取方法主要有：

（1）显式获取（Explicitly）：通过物理设备感知、用户询问、用户主动设置等方法，获取用户和项目相关的上下文信息。

（2）隐式获取（Implicitly）：通过使用现有的资料或周边的环境来间接地获得某些上下文的信息。例如，时间上下文信息可以从使用者与该系统的交互日志中获得。

（3）推理获取（Inferring）：通过统计分析和数据挖掘技术来获取某些不能显式或者隐式获取的上下文信息。例如，用户是否在"家里"或者"办公室"，可以通过使用朴素贝叶斯分类器或者其他预测模型进行推断。

其中，显示获取的上下文信息是最准确的，但是用这样的方法却有很多隐含的但十分有意义的上下文很难获取到。因此，隐式获取和推理获取方式也有着重要的作用。

3.3.3　上下文感知的形式

上下文感知的形式可以分为环境感知、设备感知、用户感知以及社交感知等，以下将分别予以介绍。

1. 环境感知

在上下文感知计算中，准确地感知环境中的上下文是一个先决条件。根据不同的应用类型和目的用途，上下文的感知方法也是不同的。例如，在室外，可以利用 GPS 获得位置信息。而在室内 GPS 信号微弱，很难穿透建筑物的墙壁，则可以考虑通过红外、射频、超声波等方法获取位置信息。当然，对于各种外在环境数据的获取大多采用各种不同类型的传感器的形式。

2. 设备感知

除了环境感知以外，各种电器设备，如中央空调、供水供电设备等，在建筑物中都是不可或缺的组成部分。所以，对于智能建筑环境来讲，设备感知也是上下文感知中的一个重要形式。对于这一类型的感知，多采用条形码技术或 RFID 技术对设备进行标识，再使用专业设备进行标识的自动识别，从而能够更好地维护与管理设备。

3. 用户感知

使用者是建筑物的主体，建筑物中的一切无论是环境信息的实时获取还是建筑设备的高效管理都是为使用者服务的。如果可以更好地识别使用者，则可以为用户带来更好的使用体验。过去对于用户的识别与设备识别类似，大多是采用 RFID 的形式，现在，随着视频技术的发展，人脸识别已经更高效安全地被应用在上下文环境中的用户感知上。此外，对人体活动的追踪与识别也可以用在建筑物的安全保护方面。

4. 社交感知

对于用户关系上的社交感知多用在基于上下文感知的推荐系统里。在这里，用户关系可以分为朋友关系和偏好相似关系。朋友关系由用户在社交软件中的好友信息得到；偏好相似关系由用户共同访问的兴趣点数量衡量。机器学习或深度学习的算法模型可以帮助识别用户间的社交关系，以达成针对特定用户的更好推荐。

3.3.4　上下文感知模型

从上下文的定义可以看出，上下文可以是任何关于实体的状态的信息，其种类繁多，数量众多。在所有的这些上下文中，最常用的就是位置上下文。它的模型有坐标位置模型、符号位置模型、混合模型等。坐标位置模型是把实体空间分割成区格来建立坐标系统，利用元组来确定具体的位置。例如，GPS 的位置信息是通过（经度、纬度、海拔）

三个元组来表达的。符号位置模型是一种利用位置符号（名称）和位置的相对关系来描述定位的方法。如经过华中科技大学，教学楼，西300米可以代表特定的地点。而混合模型则是将以上两种模式相结合的方法进行定位。其提出的原因在于坐标位置模型虽能准确表达位置，但其空间关系难以直接推导，在一些情况下甚至会失效（例如 GPS 无法在室内使用），而符号位置模型又缺少准确的定位信息。除了位置上下文之外，对物理上下文，如温度、时间上下文、虚拟上下文等进行模型构建的方式因应用而异，相应的上下文表示（数据结构说明）也因应用而异，几种具有代表性的主要方法包括键值对模型、标记语言模型、面向对象的模型、逻辑模型、图表模型等。下面将以隐马尔可夫模型（HMM）以及条件随机场（CRF）为例进行具体介绍。

1. 隐马尔可夫模型

隐马尔可夫模型（HMM）是建立在马尔可夫模型上的一种不完全数据统计模型，是一个双重随机过程，其中一个是 Markov 链，它通过状态转移概率来描述不同状态间的转移情况。另一个是一般随机过程，通过观察值概率来描述状态和观察序列之间的对应关系，通过 HMM 模型可以识别隐藏的状态及其结构信息。

在上下文感知环境中，用户实体活动可引起空间实体资源状态的变化，这种变化是可观测到的关系实体资源属性，而引起变化的动作链隐含在资源状态变化中，所以引入隐马尔可夫模型来描述用户实体在智能空间改变传感器状态的活动，就可实现用户实体活动的计算。

假设用 Q 表示用户活动的动作状态集，$Q=\{q_1,q_2,\cdots\cdots,q_n\}$。同时，一个 HMM 模型通常可以通过以下参数进行定义描述：$\lambda=(N,M,A,B,\pi)$ 表示模型中有限状态的集合，G 是隐含状态数，即用户实体动作数目，由活动分解动作方法确定；M 是每个状态下的观测值数量，如果关系实体有 P 个资源属性，则 $M=P$，即在关系实体中可观测到的资源数目 $V=\{v_1,v_2,\cdots\cdots,v_M\}$；$A=\{a_{ij}\},1\leqslant i,j\leqslant N$ 表示动作状态转移概率分布；$B=\{b_j(k)\},b_j(k)=P[v_k\mid q_t=a_j],1\leqslant j\leqslant N,1\leqslant k\leqslant M$ 表示用户处于动作状态 j 时，观测到的关系实体资源状态的概率分布；$\pi=\{\pi_j\},\pi_j=P[q_1=a_j],1\leqslant j\leqslant N$ 表示各动作的初始分布。

根据 HMM 观测值与隐含状态之间存在的概率函数关系，在 λ 和 $Q_T=q_1,q_2,\cdots\cdots,q_T$ 状态下，计算关系实体资源状态观测序列 $O=o_1,o_2,\cdots\cdots,o_T$ 的概率（每个 o_i 在 V 中取值）$P(O\mid Q_T,\lambda)=P(o_1\mid q_1),P(o_2\mid q_2),\cdots\cdots,P(o_T\mid q_T)$，若 $b_j(k)=P[v_k\mid q_t=a_j]$ 则

$$P(O\mid Q_T,\lambda)=\prod_{t=1}^{T}b_{q_t}(o_t) \tag{3-5}$$

当动作链 Q_T 及 λ 确定时，则上式表示观测输出为 O 的概率分布。依据上式计算出概率分布之后，便可计算动作状态序列 Q_T 的概率分布

$$P(Q_T\mid\lambda)=\pi_{q_1}\prod_{t=2}^{T}a_{t-1,t} \tag{3-6}$$

然后计算观测序列 O 和状态序列 Q_T 的联合概率，再根据式（3-5）和式（3-6）得出

$$P(O,Q_T\mid\lambda)=P(O\mid Q_T,\lambda)P(Q_T\mid\lambda)=\pi_{q_1}\prod_{t=2}^{T}a_{t-1,t}\prod_{t=1}^{T}b_{q_t}(o_t) \tag{3-7}$$

若考虑动作状态序列 Q_T 所有可能的情况，则 λ 的概率为

$$P(O \mid \lambda) = \sum_{Q=q_1, q_2, \cdots, q_T} P(O, Q_T \mid \lambda) = \sum_{Q=q_1, q_2, \cdots, q_T} \pi_{q_1} \prod_{t=2}^{T} a_{t-1, t} \prod_{t=1}^{T} b_{q_t}(o_t) \quad (3\text{-}8)$$

由于用户在智能空间中有若干不同的活动，因此定义相应活动模型 λ，计算关系实体资源状态观测数据在各个活动模型下的概率，最大者即为最有可能的活动。这样，通过观测关系实体资源状态变化，可以推理出用户实体活动。

2. 条件随机场

条件随机场（CRF）是 Lafferty 等提出的一种判别式无向图模型，它结合了最大熵模型和隐马尔可夫模型的特点，并解决了这两种模型表现出的标记偏差问题。此外，CRF 直接将后验分布定义为吉布斯场，从而可以利用与观测数据相关的上下文信息来捕捉数据相关性。因此，CRF 是一个强大的图像分析模型，在上下文感知环境中可以应用于图像处理的各个领域。

CRF 直接根据数据生成判别模型，构建出条件概率模型 $P(X \mid Y)$。具体来说，若有无向图 $G = (V, E)$，V 指代全部结点，v 是任意一个结点，E 指代结点之间的无向连接。则如果 X 构成由 $G = (V, E)$ 表示的 CRF：

$$P(X_v \mid Y, X_w, w \neq v) = P(X_v \mid Y, X_w, w \sim v) \quad (3\text{-}9)$$

对任意 v 成立，那么 (Y, X) 即为一个 CRF。其中，$X = (X_v)_{v \in V}$；X_v，X_w 分别为结点 v，w 对应的随机变量；$w \neq v$ 表示除 v 以外的全部结点；$w \sim v$ 表示在 $G = (V, E)$ 中与 v 有边连接的全部结点。

无向图 G 中随意选取的两个结点都有边连接，这样的结点子集称为团。若 C 是 G 的一个团，同时无法再引入 G 的任一结点以增加 C 的结点数，那么 C 即为最大团。由 Hammersley-Clifford 定理可知，CRF 的后验概率可表示为 G 上所有基团势函数的乘积：

$$P(X \mid Y) = \frac{1}{Z} \prod_{c \in C} \psi_c(X_c, Y) \quad (3\text{-}10)$$

其中，$\psi_c(X_c, Y)$ 是定义在 c 上的势函数，Z 是归一化配分函数，C 是 G 的最大团集合。将式（3-9）取对数有：

$$P(X \mid Y) = \frac{1}{Z} \exp\left\{ \sum_{c \in C} \psi_c(X_c, Y) \right\} \quad (3\text{-}11)$$

其中，$Z = \sum_X \exp\left\{ \sum_{c \in C} \psi_c(X_c, Y) \right\}$，$\psi_c(X_c, Y)$ 表示定义在 c 上的势函数，不同势函数对应不同的 CRF 模型。若最大团有不超过两个结点时为二阶条件随机场，若最大团的结点多于两个时则为高阶条件随机场。以二阶 CRF 模型为例，对应的后验概率分布为：

$$P(x \mid y) = \frac{1}{Z} \exp\left[\sum_{v \in V} f_v(x_v, y) + \lambda \sum_{v \in V} \sum_{w \in N_v} f_{vw}(x_v, x_{w, w \in N_v}) \right] \quad (3\text{-}12)$$

其中，λ 是控制势函数强度的参数；N_v 表示结点 v 的邻域，常见的有 4-邻域或 8-邻域；$f_v(x_v, y)$ 是二阶 CRF 模型的一元势能函数，表示观测数据与标记数据之间的单点依赖关系；$f_{vw}(x_v, x_{w, w \in N_v})$ 是二元势能函数，表示邻域结点之间的数据相互作用关系。

3.3.5 上下文感知系统框架

上下文感知计算的系统框架是指管理、协调和调度由设备、上下文和物理环境组成的计算机环境，并在此过程中实现物理对象之间的互操作，同时为复杂、多样、动态的计算

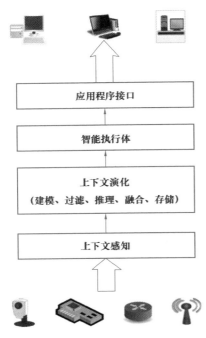

图 3-5　上下文感知计算概念框架

环境提供一个通用的框架和应用程序接口（API）。

虽然系统框架涉及的领域和应用范围各有差异，但是一般都包含上下文感知、上下文演化、触发执行等内容。图 3-5 展示了一个通用的系统框架的概念化模型。整个模型分为四大模块：

1. 上下文感知

上下文感知层面主要是收集来自大量不同的传感器的初始上下文，并对其进行初步处理，从而将上下文感知和现实应用分割开来。通常情况下，最初的上下文是模糊的、不精确的、不稳定的，甚至是冲突的。这是由于：①传感器的精度是有限的；②同一上下文可能由多个不同的传感器感知，从而发生潜在冲突；③上下文信息具有很强的分散性，可以在任意时刻、任意地点产生；④原始上下文只能提供低层和初步的信息。这就极大地增加了对上下文的感知和处理的难度。基于感知层的上下文演化是非常有意义的。

2. 上下文演化

上下文的建模、过滤、推理、融合和存储是上下文演化的基本要素。它的目的是通过过滤、推理、融合等方法从原始上下文中获取各个应用所需要的高层上下文。上下文演化的另一个目的是建立一个能够实现上下文互操作和以一致的方式自由传输的统一的上下文模型。在此基础上，简单的低层上下文通过联合演绎就可以得出应用所需的统一格式的高层上下文。

3. 智能执行体

智能执行体是本框架的核心，主要包括对感知触发、互操作、自适应策略、自配置和自组织技术等的支持。在智能执行体的协助下，使用者可以得到更好的用户体验，并真正体会到感知计算所带来的益处，例如自动交互让使用者不被干扰；自适应的输入模式可以让使用者在键盘、手写、语音等输入方式上进行自由切换；自配置技术可以避免使用者手动设定的麻烦。

4. 应用程序接口

应用程序接口负责提供程序开发接口，使开发者能够更好地使用该框架的功能迅速建立感知应用。应用程序接口除了包括可由该框架实现的功能外，还包括开发所应遵循的规范。

目前已经有很多关于上下文感知计算系统框架的研究，例如 Gaia 是基于通信中间件的系统框架，与传统的操作系统很相似，只是抽象级别不同。Gaia 把智能空间及其资源抽象为可编程的对象并提供了 6 个主要的功能：程序执行，IO 操作，文件系统管理，通信，错误检测，资源分配。为用户构建一个面向用户的、多设备的、上下文感知的移动软件提供了支持。

3.3.6 上下文感知推荐系统

随着移动互联网、物联网、社交网络、普适计算等技术的不断发展，建筑环境智能系统的边界得到了极大的扩展，大量感知设备的使用也带来了"大数据"的处理问题。在泛在感知和普适计算的背景下，如何解决大量的"信息过载"问题，是当前研究与学界所关心的一个重要课题。上下文感知推荐系统把上下文信息引入推荐系统，是一种"普适计算"（无论何时、何处、以何种形式获得信息和计算资源）与"个性化"（可以让使用者从大量数据中获得符合自己需求的信息）的结合。在上下文感知系统中加入推荐功能可以提升使用者的满意度，具有重要的研究意义与实用价值。

基于在用户偏好提取过程中何时引入上下文信息，上下文感知推荐系统可归纳为以下两大类别：

（1）在提取用户偏好前后都引入上下文相关信息，即在提取用户偏好时，将上下文信息纳入用户偏好提取和推荐生成过程，用户偏好与上下文信息是紧耦合（Tight Coupling）关系。该流程主要由以下步骤组成：源数据采集与存储，上下文信息和用户偏好提取，基于当前上下文和用户偏好的推荐生成，推荐效果评价与校正，如图 3-6 的左侧所示。

（2）只在推荐生成过程中引入上下文信息，也就是说，提取用户偏好时不考虑上下文信息，用户偏好和上下文信息是松耦合（Loose Coupling）关系。该流程主要由以下步骤组成：源数据采集与存储，提取用户偏好，发现上下文信息和用户偏好之间的关联并对潜在用户偏好进行预测，生成推荐，推荐效果评价与校正，如图 3-6 的右侧所示。

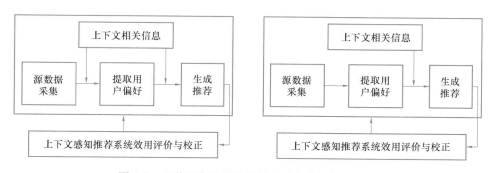

图 3-6　两种面向过程视图的上下文感知推荐系统

在推荐生成过程中，按照在具体过程的哪个阶段引入上下文，归纳为以下 3 种范式。

1. 上下文预过滤

上下文预过滤模式是指在生成推荐结果之前，首先对当前上下文信息进行筛选，将无关的用户偏好信息进行过滤，进而构造出与当前上下文信息有关的推荐数据集；其次，采用协同过滤、内容过滤、知识过滤、混合式过滤等传统推荐算法对过滤后的信息进行偏好预测，从而产生符合当前上下文约束的推荐结果。比如，假设某个使用者希望在 7 月的一个周末来商场购物，那么可以通过"7 月周末"这个特定的语境例子来过滤"非夏天周末"的用户喜好，再使用传统的推荐算法来产生一份推荐列表。

Adomavicius 等（2005）在此基础上，提出了一种维度约简的上下文预过滤方法：首先将每种上下文类型分为不同的上下文具体实例（如周末/工作日），然后将该多维上下文推荐数据分成不含上下文信息的推荐数据；在此基础上，利用传统二维协同过滤方法分别为处于各种不同上下文实例下的用户生成不同的推荐。该方法在一定的上下文条件下具有较好的精度，但是在某些条件下，该算法的优势并不显著；Ahn 与 Kim（2011），Lombardi 等（2009）则分别提出了改进的上下文预过滤方法，基于上下文的用户聚类，基于上下文的项目/用户分类、基于决策树的上下文用户偏好划分等，并利用零售、旅游、移动广告等方面的实验数据展开研究。例如：Baltrunas 等（2009）根据上下文变量进行划分（例如将沙滩分为"冬天的沙滩"和"夏天的沙滩"），再通过传统协同过滤方法生成上下文相关推荐。刘栋等（2009）提出了一种基于本体和上下文感知的 Web 服务推荐架构，该架构根据用户当前的上下文对 Web 服务数据集进行过滤，并根据用户的需求，设计出适合的相似度计算公式，最终根据上下文条件对 Web 服务进行推荐。

上下文特定实例的分类和粒度对上下文预过滤模式的影响很大，如果上下文特定实例的分类太过粗糙，那么所得到的推荐数据集不一定都与当前上下文有关，因此会影响到推荐的准确性；如果上下文特定实例的分类太过细致，会导致在过滤后的数据集中出现极度稀缺性，同样会影响推荐的准确性，并且某些上下文的过分细化的效果也不是很好。Adomavicius 等（2011）建议在上下文预过滤模式中采用层次化的上下文建模方法，不同的上下文层次反映了不同的上下文粒度和计算复杂度，这有助于减轻以上问题。

2. 上下文后过滤

上下文后过滤模式是指它可以通过一种传统的二维推荐技术，对没有上下文信息的推荐数据来预测潜在用户偏好；然后，根据目前的上下文信息，筛选掉无关的推荐结果，或对 Top-N 排序列表进行调整。例如，用户希望在"周末"观看一部影片，那么，可以使用传统的推荐技术为其创建一份推荐清单，在知道"周末"时，仅看喜剧影片时，可以将非喜剧影片从推荐清单中筛选出来。

上下文后过滤模式主要包括启发式和模型化两类，前者着重于在具体上下文条件下寻找用户偏好项目集合的共同属性特征，而后者则着重于在具体上下文条件下用户选取该项目的概率。

Panniello 等（2009）给出了两种上下文后过滤策略：线性加权和直接过滤。前者以项目和目前上下文相关的概率值与预期得分值进行加权；后者则将与当前上下文关联度低的项目直接筛除。

通过采用真实数据集对上下文预过滤和上下文后过滤的对比，发现对于不同的评价指标两者各有优势，但均比传统的协同过滤算法的指标优异，这就意味着不同的加权和过滤方法在不同的情况下对用户偏好预测的效果不同。上下文预过滤/后过滤模型均将"多维推荐"转换为"二维推荐"，可充分运用已有的传统推荐技术，但因采用筛选出的相关数据来生成推荐，无法确保降维后数据的完整性，同时也会忽视上下文信息之间的相互联系，进而影响推荐结果的有效性。因此，这两种模式在上下文信息与用户偏好信息之间为松耦合关系时更为适用。

3. 上下文建模

上下文建模是将上下文信息整合到建议推荐生成的整个过程，并在此基础上，设定合适的算法及模型，以处理多维度上下文用户偏好，而不是筛除掉考虑了上下文信息的用户偏好。这种模式最能有效地挖掘用户、上下文以及项目之间的关联关系，尽管处理高维数据极大地提高了它的计算复杂度。因此，它在上下文信息与用户偏好信息之间为紧耦合关系时最为适用。

上下文建模可以分成两类：①基于启发式的方法；②基于模型的方法。前者采用了如最近邻定位算法、聚类等一些有直观意义的启发式算法。其中，与上下文有关的高维数相似度的计算公式是其中的关键和难点；后者采用了基于层次回归的贝叶斯偏好模型、贝叶斯网络、朴素贝叶斯模型、PLRM、支持向量机、张量分解等数学统计以及机器学习相关的模型。两者相比较，基于启发式的方法在构建或更新预测模型上花费的时间较少，也不需要调整大量参数进行优化。但是，基于模型的方法仅需储存比原始数据少得多的模型，因而在某种意义上减少了数据的稀疏性；并且，在一定程度上可以充分发挥关联模型的优势，从而达到更好的推荐结果，是当前上下文感知推荐技术发展的一个重要趋势。在当前的推荐系统中，矩阵分解技术被公认为是传统推荐系统中最有效的方法，但其仅限于对二维推荐数据的处理，而无法用于多维上下文的推荐数据。张量分解技术是基于矩阵分解技术的多维数据空间的拓展，它可以有效地发现多维数据之间的潜在关联，从而有效地解决了高维数据的稀疏问题，目前该技术已经在上下文感知推荐系统进行了应用。例如，Wang（2011）、Karatzoglou 等（2010）利用高阶奇异值矩阵分解技术来处理用户、上下文（如时间和周围人员、位置）、项目构建的张量空间。Rendle 等（2011）将 Factorization Machines 技术用于快速上下文感知推荐生成领域，它的推荐准确率和实时性都很好。

由于以上所介绍的上下文推荐模式和具体算法都有各自的优点和不足之处，Adomavicius 等（2009）提出了一种组合上下文推荐技术（如线性组合、预测模型的多阶段组合和基于 Boosting、Bagging、Stacking 等机器学习技术的组合方法），从而改善了推荐的准确性、新颖性、实时性、多样性和鲁棒性。

3.3.7　上下文感知技术在建筑环境智能中的应用

将上下文信息引入本体模型中可以有效解决建筑环境中信息利用率低、信息资源共享和复用困难等问题。

本小节介绍了一个由刘欣等在 2016 年提出的基于本体建筑信息的上下文模型。该模型实现了对建筑环境信息高效、快捷的管理。该模型主要包括用户上下文和工程上下文两部分，首先利用 Protégé 建立了上下文本体模型，并运用 OWL 公理和 SWRL 规则构建了一个知识库，最后利用推理机对模型进行推理。

由于建筑信息来源广、数量大，在复杂的工程信息环境下，使用者无法很好地认知到当前环境，无法及时获得相关的信息，因此，从使用者和建筑的具体情况出发，可以有效地提高用户和建筑管理人员的决策能力。在提供相关信息的同时，还要了解建筑环境的具体情况以及变化情况，因此，必须将上下文引入本体构建中。而在建筑信息模型中引入上下文信息是其中最关键的一个环节，同时，通过使用上下文信息进行本体建模，能够更好地表达信息，从而方便对建筑信息的管理。

上下文信息模型必须符合以上所提的功能要求，而上下文信息是动态的，所以在建立模型时要充分考虑到建筑环境的变化。为了实现上下文本体的构建，必须将所收集到的信息与工程项目的各个阶段相结合，即所建立的上下文本体可以应用到建筑的各个方面。通过构造本体，可以有效地提高数据的复用性，降低模型的表示和分析所需的时间。因此，基于本体的信息上下文模型是通过使用通用概念和上下文的基本概念来实现的，并且能够实现上下文的交互。该本体为基础本体（上层本体）。

由于所建立的本体信息庞大，建筑环境变化迅速，因此所构建的基础本体难以直接分析和使用，是一种通用模型。对于具体情况，需要使用更多的具体信息。因此，在构建基础本体的基础上，根据所构造的基础本体，还需构造针对具体情况的任务本体进行具体说明。任务本体是在基础本体的基础上拓展而来的，是对具体领域更细节的描述。

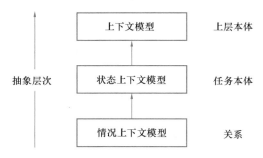

图 3-7　建筑信息上下文建模步骤

如图 3-7 所示，模型所建立的本体可分成三个层面，即上下文模型（Context Model）、状态上下文模型（State Context Model）、情况上下文模型（Situation Context Model），即从通用环境到具体环境的过程，其主要构建步骤如下：

首先，我们要考虑上下文本体所需的信息，即基础本体也称为上层本体（Upper Ontology），它是从物理层（Physical Sensors）中产生的基本系统信息，这种信息通常适用于建筑领域本体对象。所以，为了建立上下文本体模型需要收集上述信息，应当充分反映出建筑上下文信息和一般上下文信息的特征。在此基础上，对该模型进行了进一步的分析，能够在不同的建筑环境中实现上下文信息交互。

使用上层本体可建立一个建筑信息通用模型，在此基础上依据具体情况扩展所建立的上层本体。上层本体一般包括三个部分：用户上下文、工程上下文、信息项目。用户上下文是一组访问建筑的用户集合，属性应包含用户名称、用户偏好、用户位置等信息；工程上下文的内容包括建筑的工程现状和整个建筑工程的建设情况，包括过去的、正在进行的和将来的所有相关的活动，以及相关事件、工程活动的开始及结束时间等；信息项目是建筑环境中的各种基础信息的提供者，它包括了建筑环境中的所有感知设定信息集，它可以是文件、指令、范例等。建筑信息通用模型的定义能够很好地处理各种不同的模型间的数据离散问题，是不同的应用模型提供的信息集合。

用户上下文本体是一个包含各个使用者情况实体和概念的上下文表示，是使用者在建构环境系统中具体情况和相互关系的描述。数据主要是从需要接入的终端用户处获取的，包含了用户位置、用户偏好、用户权限等方面的信息。用户上下文由以下部分组成：

（1）用户，即系统使用者，能够访问系统的个体；

（2）用户角色，也就是用户在建筑中的角色，例如管理人员、访客、维修人员等，它是由类用户权限和用户属性关系来决定的；

（3）用户权限，也就是用户可访问建筑系统信息的权利；

（4）用户偏好，是指用户在建筑中所承担的角色进行系统访问的偏好设置；

（5）用户责任，是指用户在管理、访问、运营、维护等各阶段所能承担的活动或使用的资源等；

（6）接入设备，是指用户访问该系统所用的装置，如 PC、移动电话、终端、Pad 等；

（7）定位，即位置，包括绝对位置（Absolute Location）和相对位置（Relative Location），其中，绝对定位是指由 GPS 和 GIS 获取的地理信息数据，是用户的空间定位；相对位置是指对象间的相对距离信息；

（8）用户状态，用于代表用户的工作状况。

上面所述的上下文是根据用户上下文和工程上下文来说的，它们都属于上层本体，需要用户手动完成模型的数据更新。由于建立上层本体并不能很好地满足本体模型构建的动态性要求，所以为了更好地进行上下文建模，必须增加一些动态的信息。在建筑环境中，要获得建筑环境现状和相关用户的状态信息，进而进行查询。准确的状态信息支持需要由相应的类及属性来定义相应的动态信息。在具体实现建筑信息上下文本体时，若将大量复杂的类别和属性用一个简单的概念来描述，则一个概念可能会有几十个甚至更多的个体，这就导致了上层本体运算量大、推理复杂、工作量和正确信息获取难度都显著增加。

因此，在上层本体构建基础上还需要构建状态上下文模型，对上层本体进行进一步的阐释，并将上层本体分为用户状态上下文和工程状态上下文两部分。通过引入这两种概念，可以对基本概念进行更细致的分类，从而使状态信息更加具体。在定义状态信息时，必须综合各领域专家的意见，对类别和属性之间的关系进行预定义，从而形成任务本体和上层实体之间的关联规则和推理关系。在定义了类和属性关系后，可使用规则来激活状态上下文，然后某个用户需要通过相应的信息项向下一个子类发送指令。

整个建筑环境上下文模型架构如图 3-8 所示。

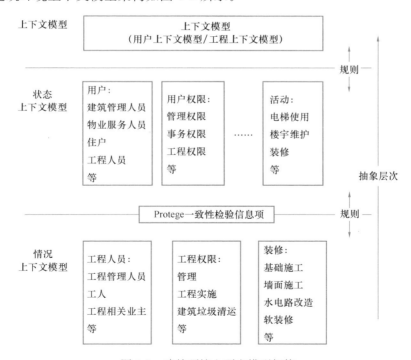

图 3-8　建筑环境上下文模型架构

该系统旨在通过建筑环境上下文模型，为用户提供适当、精确的信息。但是，关于上下的定义却一直存在着广泛的争论，有些科学家认为上下文信息是一个非常敏感的问题，要列出所有的上下文信息是困难的，也是不可能的。而在没有准确的信息的情况下，系统不能根据状态进行相应的行为，这就导致了许多人认为上下文感知很难实现。当前，上下文信息建模技术在很多领域都得到了成功的应用，其中大部分都是具体领域的应用。基于这些具体领域的应用方法，虽然解决了某些问题，但是由于在封闭的环境条件下，所涉及的上下文状态信息的数量是有限的，所以必须使用本体来对具体信息进行分析。为了让使用者更好地理解所提供的信息，对系统信息进行情况定义，可以有效地帮助使用者了解在建筑中所需的信息，即把信息放到上下文中，以便向使用者说明具体的情况。情况是环境中的第一个外部上下文分析，它可以作为状态上下文的表示。作为一个整体的语义单元，情况对系统行为的确定起着关键作用，它有助于定义系统的行为，从而使上下文信息动态透明。

除此之外，在环境智能领域上下文感知还有许多应用。如利用人类行为的上下文信息来检测人类日常生活中的异常行为。Kim 与 Chung（2020）提出了一种基于知识驱动和数据驱动的混合方法，由 4 个主要模块组成：人类活动，位置和对象识别；捕获人类行为上下文；本体映射；异常人类行为检测。在第一个模块中，首先使用机器学习中的LSTM 模型来识别人类的活动、位置和物体。然后使用这些识别出来的概念来分析人类行为，包括持续时间、频率、一天中的时间、地点、使用的对象和活动序列，以获得人类行为上下文。人类活动本体（HACON）是一种本体，用于将人类活动、行为及其环境概念化。获得的人类行为上下文被映射到 HACON 本体。对人类活动、地点和物体的预测通常是不确定的。因此，在第四个模块中，提出了 ASP 的概率版本，称为概率答案集规划（PASP），用于在处理不确定信息时检测异常的人类行为。PASP 通过一组关于人类异常行为的概率规则来实现概率推断。

上下文感知在智能医疗上也有很多应用。为了克服传统医疗服务在老龄化和慢性病方面的局限性，精准医疗（PHD）得到了特别关注。精准医疗是利用个人健康设备、人工智能算法、图像识别、语音识别、自然语言处理等多种信息技术，为个人定制的医疗服务。尤其需要情境感知、情境信息、推理规则等为患者提供后续护理服务的信息技术。在PHD 中，诸如可变数据的上下文包括血压、BMI、血糖、天气和食物等均具有时间序列特征，这意味着它经常随时间变化。其他类型的健康相关信息，如年龄、家族史、吸烟和居住区域，都是间歇性变化的。对于与用户高度相关的推理，通过环境智能收集的上下文用本体表示。本体由用户的环境数据、天气数据和生活日志组成。上下文随着用户的环境条件和时间而变化。Mojarad 等（2021）使用推理引擎创建知识库并采用神经网络预测变化。该模型通过学习用户的相似度权重来适应用户的环境。在知识库的基础上，应用用户聚类和均值偏差计算相似度权重；采用协同过滤技术，利用神经网络对用户语境进行预测，反复学习相似度权重。上下文感知系统还可以帮助心脏病患者做潜在的心衰风险预测。患者通常配备不同类型的无线身体传感器（如心电传感器、血压传感器、温度传感器），这些传感器能够以连续的方式收集与健康相关的重要参数数据。传感器以无线的方式将数据通过基站传送至远程服务器上。部署在服务器上的上下文感知系统则可以预测心血管疾病的潜在威胁，预测模型可采用支持向量机（SVM）技术。

3.4 决策支持系统

3.4.1 概述

建筑环境智能系统，其智能部分不应单单体现在大量感知设备的部署对建筑环境智能感知的一面，还应体现在决策智能的一面。同时，面对感知设备产生的海量数据，如果全部推送给系统使用者会导致用户无法在海量信息中得到自己所关注的信息，不能发挥智能感知的真正效用。因此，本节主要着重对上层系统中常会采用的专家系统以及个性化推荐算法进行介绍。专家系统可以对采集数据进行智能分析，为系统用户提供决策支持。个性化推荐系统则可以根据使用者在建筑中担任的角色智能以及用户偏好，从海量数据中挖掘分析出适用于特定个体的信息给予推荐。

3.4.2 专家系统

1. 专家系统概述

专家系统是目前人工智能领域应用范围最广的一个研究方向。自美国斯坦福大学于1965年开发了首款"Dendral"系统后，历经50多年的发展，各类专家体系已经广泛应用于不同的行业。现在，该技术已被越来越多地被采用，并且在软件开发方面也有了很大的发展。

所谓"专家系统"，是指利用电脑模拟人类专家的推理以解决实际生活中一些复杂的问题，而这些问题必须经过专业人士分析，最终能得到与专家相同的结论。简单地说，专家系统可视作把一个"知识库"与一个"推理机"相联系起来的系统，如图3-9所示。很明显，知识库就是专家知识在电脑里的映射，而推理机则是运用知识进行推理的能力在电脑里的映射。而构建专家系统的难点也就是在这两部分。

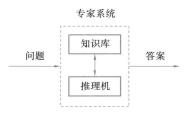

图 3-9 专家系统简化模型

2. 专家系统的工作原理

根据开发专家系统的发展阶段，可以划分为基于规则的、框架的、案例的、模型的和基于 Web 的 5 个阶段。

（1）基于规则的专家系统

基于规则的专家系统是当前应用最广泛的方法，这主要得益于大量的成功案例和简单、灵活的开发工具。它通过一套规则来表达专业知识，直接模拟人类的思维活动。例如对空调温度的设定：

IF（建筑空间内有人）and［（室内温度＞24℃）or（室内温度＜18℃）］and（工作日），THEN 启动空调

这里，在 IF 之后的陈述被称作前项，在 THEN 之后的陈述被称作后项。前项通常是由"与""或"组成的几个事实，每个事实都由对象-属性-值（OAV）三元组来表达。根据所选取的值，可以将其划分为 3 个类别。

1）是非属性，例如"建筑空间内有人"，该属性只能在〔有，无〕中二选一；

2）列举属性，例如"工作日"，该属性只能在〔工作日，周末，法定节假日〕中选择；

3）数字属性，例如"室内温度>24℃""室内温度<18℃"等。

以上规则是经过了专家们的集体讨论得出的，但却存在三大缺陷：

1）需要由专家来制定规则，但在很多时候没有真正的专家在场；

2）前项的局限性很大，规则库也很复杂，最好的办法是采取"中间事实"；

3）在特定的条件下，可选择超大空间的列举属性或者数字属性，而属性值的确定，不仅要进行大量的采样，还要进行复杂的计算。

所以，人们更倾向于使用一种能够从数据中自动提取规则的算法。决策树算法可以较好地满足这一需求。具体算法包括基于信息增益的 ID3、C4.5、C5 等算法，以及基于 Gini 的 CART 算法等。

（2）基于框架的专家系统

基于框架的专家系统可以被视为基于规则的专家系统的拓展，它是一种新的程序设计方法。Minsky 于 1975 年建议使用"框架"来描述数据结构。这个框架包括某个概念的名称、知识槽等。在碰到该概念的具体例子时，就将该实例的相关值输入该框架中。在把框架的概念引入编程语言中后，面向对象的编程技术就应运而生。可以把基于框架的专家系统看作面向对象的编程技术。

表 3-2 展示了一种典型的图像处理识别框架，它把整个系统划分为四大类：文档类、图像类、图像像素类、图像识别类。每类赋予特定的对象和事件，最终形成一个体系。

图像处理识别框架   表 3-2

文档类	图像类	图像像素类	图像识别类
图像对象指针 图像处理对象 图像识别对象 Undo 对象 Redo 对象 AOI 对象	图像长宽 图像色深 图像数据 图像文件格式	颜色空间转换 颜色分解 灰度-RGB 转换 颜色索引转换	特征参数 模式库 知识库 数据库
文档初始化 指针刷新 菜单响应 文档格式转换	图像初始化 图像文件读取 图像文件保存	几何运算 算法运算 图像灰度变换	物体标号 图像特征提取 物体特征提取 边界跟踪 模式定义

（3）基于案例的专家系统

基于案例的专家系统，是采用以前的案例求解当前问题的一种方法。算法流程如图 3-10 所示。①获得目前的问题；②从案例库中找出最类似的案例；③若发现合适的配对，则推荐采用与以往相同的解决方案；④若没有发现合适的配对，当前案例会被视为一个新案例收入案例库中。这样，基于案例的专家系统就可以不断地吸取新的知识，提高系统解决问题的能力。

基于案例推理的专家系统，其困难在于如何在案例库中找到与当前问题最类似的案例。最常使用的是匹配算法包括 K 近邻定位算法、最近邻定位算法、径向基函数网络等。但是，如果案例库太大，会造成检索所需时间大幅增加，所以，在检索前必须对案例库中的案例进行预处理，筛除过于类似的案例。

（4）基于模型的专家系统

传统专家体系的最大缺陷是"缺乏知识的重用性和共享性"，而运用本体理论（模型）来进行专家系统的设计，可以克服这一缺陷，此外，还可以增加系统的功能，改善性能，还可以对不同的模型和它们的相关性进行深入的研究，并在系统设计中使用研究结果。

基于模型的专家系统在本体理论基础上，对专家系统进行了元模型定义、设计原理概念化、知识库规范化三个层面的研究。将某特定事物的模型、原理、知识库应用本体理论的方法严格界定，以确保其与模型的严格对应，便于在以后的设计工作中，可以随时调用模型，加快系统的设计。

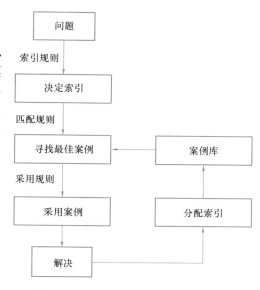

图 3-10　基于案例的专家系统流程图

以一个以模型为基础的微型控制系统为例，它可以通过神经网络对车间的生产过程进行模拟，进而对产品的产量进行预测。由于模型组件、接口、通信、限制等都是标准化的，所以使用 Simulink 软件可以在一分钟之内完成系统开发。

在本体论基础上，基于模型的专家系统主要包含两个类别，即因果时间模型（在模型中考虑因果时间尺度）与神经网络模型（利用网络进行知识推理）。

1）因果时间模型

因果关系是人们了解物理系统行为的重要因素。而人类对因果关系的认识则是建立在原因和结果之间的时间延迟上。如何将实际系统中的时延关系正确映射到计算机中，本体论给出了 13 种不同的时间尺度方法，见表 3-3。

因果时间尺度　　　　　　　　　　　　　　　　　　　　　表 3-3

直接建模	时间约束建模	组件结构建模	兴趣期间建模
Ta1：共有从属时间尺度 Ta2：从属时间标度 Ta3：积分时间标度 Ta4：均衡时间标度	Tb1：更快机制时间标度 Tb2：更慢机制时间标度	Tc1：内部组件时间标度 Tc2：组件间的时间标度 Tc3：全局时间标度 Tc4：整个系统时间标度	Td1：初始期间时间标度 Td2：中间过渡时间标度 Td3：最后期间时间标度

通过 13 种不同的时间尺度，我们可以把现实的所有系统都表示出来。例如，Jou 等（2009）提出了一个系统对核电站的热能进行控制。核电厂利用两个散热器（IHX 和 AC）将热能提供给室外的核反应堆容器（RX）。因为是试验用的核电站，所以没有发电机。系统由 A、B 两个子系统组成，每个子系统由主、次两个循环组成，它们分别用于散热和热能的流动。根据 7 个时间尺度的因果模型，利用 27 个部件、143 个参数、102 个约束，可以构建一个该核电站的模型。

2）神经网络模型

神经网络模型与常规的生成型专家体系有很大不同，它的特点是将知识表达方式从显式变为隐式；另外，知识并非由人类提供，而是由运算自动获取；推理机制也从传统的归纳式推理转换成了在竞争层对权重值的博弈。

与常规的生成型专家系统比较，神经网络具有如下 6 个方面的优点：固有的并行性；分布式的关联存储；良好的错误处理能力；自适应能力；可通过实例进行学习；便于硬件实现。

但神经网络还具有以下 5 项不足之处：仅对处理小型问题具有较好的优势；采样集合会对性能产生一定的影响；缺乏说明能力；不存在查询机制；需要将知识、输入、输出结果等进行数字量化。因此，当前的发展趋势是把神经网络和专家系统整合起来，以实现两者之间的优势互补。图 3-11 显示了该整合的系统框架。根据侧重点不同，将其分为 3 种模式：神经网络支持专家系统，专家系统支持神经网络，协同式的神经网络专家系统。

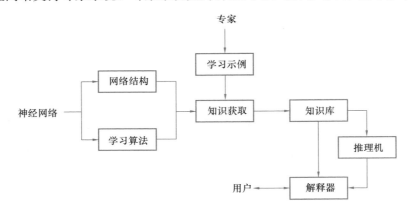

图 3-11　神经网络专家系统的集成图

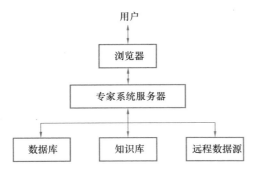

图 3-12　基于 Web 的专家系统结构图

（5）基于 Web 的专家系统

随着互联网的不断发展，网络已经逐渐成为人们交流的媒介，而软件系统也逐渐向网络化方向发展。专家系统也是顺应这一潮流，将人机互动定位于互联网层次：专家、工程师和用户通过浏览器接入专家系统，向服务器发送问题；而服务器端则利用后台的推理机，从本地或远程数据库、知识库中获取结果，并将结果反馈给用户。

图 3-12 是一种基于 Web 的专家系统框架，它通常包含三层：浏览器层、应用逻辑层和数据库层。

3. 专家系统的组成

专家系统的推理机制和搜索机制虽然各不相同，但通常都包含以下三个部分：

（1）知识库

这是专家系统的核心，它包含了专家对某一特定领域的知识和经验。知识库中的信息通常以规则、事实或其他形式存储，如决策树或帧。除了知识库以外，系统还通常包含一个各种数据的存储系统，这些数据可能是原始数据、计算结果、推理中间结果等。

（2）推理机

从原始数据或知识库中获取知识被称为知识获取，这也是专家系统中的一个重要环节，它主要是通过推理机来进行实现的。推理机可以用来模拟人类专家的推理过程。它根据用户的问题或需求，利用知识库中的信息进行推理，以得出结论和建议。不同的专家系统采用的推理机设计通常也是不同的，比如基于规则的专家系统是去寻找与事实匹配的规则，而基于案例的专家系统则是要找出相似度最高的案例。解释专家系统的推理过程和结果则是通过解释器实现的。它可以帮助用户理解推理机如何得出结论，以及所得出结论的依据。

（3）用户界面

这是专家系统与用户进行交互的接口。它允许用户输入信息，如问题和请求，并从专家系统中获取信息，如答案和建议。

以上是专家系统的最基础的组成部分，但世事无绝对，不同的专家系统可能会有不同的实现方式和组件构成，需根据具体应用需求进行设计。

4. 专家系统在建筑环境智能中的应用

（1）能源管理优化

随着全球气候变暖，能源的高效使用越来越引起人们的重视。建筑物中的能耗在能源使用中占据着重要比例，而对建筑物能源的优化管理是专家系统在建筑环境智能中的一个重要应用。本节以邱春梅（2019）所提出的首都博物馆中央空调管理系统为例，详细介绍了专家系统在能源管理上的设计。

系统通过对系统控制对象、系统结构、系统功能与控制方法之间的动态关系的研究，创建模糊预测算法和自适应模糊优化算法模型，将主机能耗冷冻水泵能耗、冷却塔风机能耗统一考虑，将全系统的运行信息进行集成，对系统运行参数进行优化和动态调节，实现全系统协调运行，以达到系统整体综合性能最优之目的。

系统主要由模糊控制柜、冷冻水泵智能控制柜、冷却水泵智能控制柜、冷却塔风机智能控制柜、现场模糊控制箱、各种运行参量采集设备以及系统软件组成。此外，还包括冷冻水系统的供、回水总管间安装的水流压差传感器，冷冻水系统的供、回水

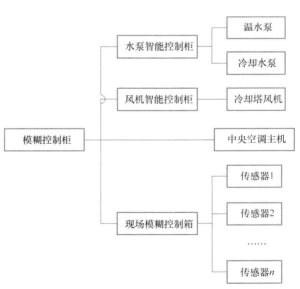

图 3-13　能源管理优化系统结构图

总管上分别安装的水温传感器，冷冻水系统回水管上安装的流量计，以及各台主机冷冻水、冷却水出水管上分别安装的水温传感器，各台主机安装的能耗计量表，室外环境安装的环境温度传感器，冷却水系统的回水总管上安装的水温传感器等运行参量采集设备。系

统构成如图 3-13所示。

随着新技术的不断应用，首都博物馆所采用的中央空调管理于 2019 年 1 月接入易方云控制系统，实时采集系统运行数据，并实时传输到远端云中心，通过易方云系统开展能效的监视和测量。由远端运行人员在足够数据基础上开展空调系统能效诊断分析工作，为持续的空调节能优化服务提供帮助；同时，通过可视化的图表显示和常规数据的分析推送，使工作人员及时了解空调系统运行情况。通过数据分析可以得出冷热源站主要能耗、日平均制冷量、主机 COP 值、主机日均负荷率、冷冻水输送系数、冷却水输送系数等数据，从而指导空调系统优化运行。

（2）智能维护或故障诊断

建筑物中传统的设备维护和故障排查都采用人工保修或者是定期检查的方式，但是这种方法响应时间长、效率低、成本高等。为克服这些缺陷，在智能建筑物中多采用专家系统等方式来进行设备的维护与故障诊断。下文将以邢建春（2010）所提出的一个智能化故障诊断专家系统为例进行介绍。

该诊断系统总体分为 4 个模块：人机界面、诊断推理、知识管理和知识库。系统结构如图 3-14 所示。

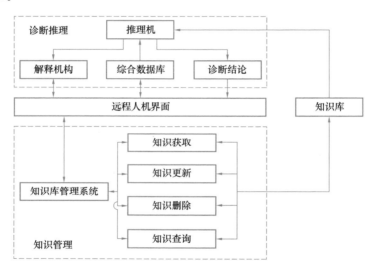

图 3-14   故障诊断专家系统结构图

本诊断系统的知识库是基于故障树建立起来的，故障诊断专家系统设计时将原来的故障树知识转化为对应的框架-规则的形式，其中每一个故障树节点转换成一个框架，故障树父子节点间的关系转换成相应的规则。

具体表述如下：

框架号：框架的唯一性标识，表示故障树的节点。

框架名：框架的说明，是一种故障模式。

父槽：其槽值即为父节点的框架号，没有父槽的用 0 表示。若父槽值为 0，则表明该框架对应故障树的顶事件。

子槽：其槽值为各子节点的框架号，没有子槽的用 0 表示。若子槽值为 0，则表明该框架对应故障树的底事件。

规则槽：槽值为转换的该事件的规则，没有规则的用 0 表示。

这种知识表示法把有关故障树中所有诊断信息和转换的产生式规则都封装在一个个框架中。通过框架既能有效避免知识的交叉以便于推理的实现，又保证了知识的完整性。同时这种框架结构也具有良好的扩展性。

诊断系统在总体推理方向上为正向推理，推理过程为框架规则结合不确定推理方式。冲突消解策略上依据不确定性推理得到结论的可信度因子（Certainty Factor，CF）的值进行排序，向用户显示最有可能的两条故障原因。

在框架-规则的知识表示中，每个框架对应故障树的一个节点，框架中的规则槽反映了故障树节点的父子关系，利用故障树特有的层次模型进行知识的纵向推理，直到框架对应故障树的底事件，找出故障的基本原因或故障部位，其推理过程如图 3-15 所示。

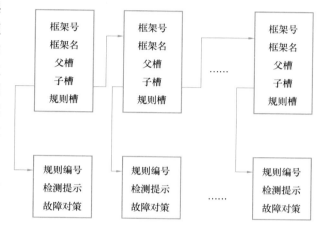

具体描述为：用户根据具体智能化系统故障选择相应故障树的顶事件，也即选择了该项事件对应的框架，由该框架的规则槽可得到对应的一系列规则号，这些规则中，

图 3-15　基于框架规则的推理过程

其后件为父节点的框架号，前件为相应的子故障节点，而这些子故障节点又相应地对应某个框架，从而重复上面的过程，这样根据故障树的层次结构逐步查找故障原因。

至此，故障诊断过程完成。

3.4.3　推荐系统

1. 推荐系统概述

推荐系统是随着电子商务网站的发展应运而生的，其基于顾客的购买行为和对商品的评价来推断出顾客的购买偏好，进而对顾客的潜在需求进行预测并向其推荐商品。总结来说，推荐系统是通过构建用户和项目的二元关系，根据现有的选择过程或相似度，发掘出每一位用户可能的潜在兴趣，从而实现个性化的推荐。

图 3-16 中显示了一个通用推荐系统的交互流程。推荐系统将用户模型中的兴趣需要与所推荐目标模型中的特征信息匹配，利用相关的推荐算法进行计算和筛选，最终确定出最有可能被用户喜欢的目标，并将其推荐给用户。推荐系统一般包括用户建模、推荐对象建模、推荐算法三大模块。

（1）用户建模

一个优秀的推荐系统应该是能提供个性化、高效、准确的推荐，它应该能获取用户多方面、动态变化的喜好，并为用户创建一个可以获取、表示、存储、修改用户喜好的模型，并能推理识别出用户类别，有助于系统了解用户的特征和类别，了解他们的需求和任

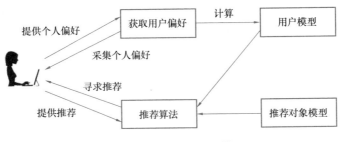

图 3-16　推荐系统通用模型

务，以更好地实现用户所需的功能。推荐系统是基于用户的模型来进行推荐的，因此，用户描述文档对推荐系统的质量有着非常重要的作用。

（2）推荐对象建模

在不同的应用领域中，推荐对象也是不同的，因此，推荐对象的描述方式也会对推荐体系产生很大的影响。

（3）推荐算法

推荐算法是推荐系统的核心，它直接影响到推荐系统的性能和类型，而推荐策略的研究是目前推荐系统发展最快的领域之一。

2. 推荐系统的算法类别

从信息过滤角度，推荐系统通常可以分成基于内容的过滤（Content-Based Filtering）、协同过滤（Collaborative Filtering）、混合式过滤（Hybrid Filtering）三个类别。

基于内容的过滤由系统隐式获取或由使用者明确提供出用户对项目属性的偏好，然后计算出用户偏好的项目属性与待预测项目属性之间相似度，按照相似度从大到小对待预测项目进行排序，最终根据该优先顺序将项目依次推荐给使用者；基于内容的过滤根据所采用的算法又分为启发式方法和基于模型的方法。

协同过滤是基于"集体智慧"的理念，即根据现有使用者或其他使用者对某些项目的偏好信息预估使用者对其他项目的潜在喜好，或根据部分已知使用者对现有项目或其他项目的偏好数据来预估其他使用者对现有项目的可能偏好；协同过滤一样可根据所采用的算法分为启发式方法和基于模型的方法。前者通过对用户（或项目）之间的相似性进行了分析；后者根据已知的用户偏好构建出一个模型，进而对某一用户或者项目进行偏好预测。

混合式过滤是指根据元层次混合、混合呈现、特征扩充、切换、加权、串联、特征组合等多种混合策略，组合不同的推荐类型或推荐算法，并产生推荐。

基于内容的推荐算法虽然相对容易，但是其安全性低，缺乏特征提取的方法。当前，最常用的推荐算法是协同过滤算法，它根据用户对不同项目的反馈信息寻找出与其相类似的用户，并给出相应的推荐。但该算法也存在包括冷启动、数据稀疏性等缺陷。这同样会使混合推荐算法的性能受到一定影响。下面对这三种推荐算法以及推荐性能评价指标进行具体介绍。

（1）基于内容的推荐

基于内容的推荐（Content-Based Recommendation）是信息检索领域的一个重要研究

课题。这种算法是基于用户所选定的目标，从所推荐的目标中选取具有相似特征的目标作为推荐结果。该推荐策略首先从推荐对象中提取出其内容特征，然后将其与用户模型中的用户兴趣偏好相匹配，继而将匹配度较高的推荐对象推荐给用户。比如，在进行电影推荐时，通过对用户之前选择的电影的共性进行分析，从而发现其感兴趣的地方，再从其他电影中挑选出符合使用者喜好的电影推荐给用户。其中，推荐目标的内容特征与用户模型中的兴趣特性的相似度计算是推荐策略的重要部分。式（3-13）就是计算该相似性的一个函数。

$$u(c,s) = \text{score}(\text{userprofile}, \text{content}) \tag{3-13}$$

式中　c——目标的内容特征；

　　　s——用户模型中的兴趣特征。

最简单计算 score 的方法是如式（3-14）所示计算向量夹角的余弦距离，但除此之外还有其他多种计算方法：

$$u(c,s) = \cos(W_c, W_s) = \frac{\sum_{i=1}^{K} W_{i,c} W_{i,s}}{\sqrt{\sum_{i=1}^{K} W_{i,c}^2} \sqrt{\sum_{i=1}^{K} W_{i,s}^2}} \tag{3-14}$$

式中　W_c——目标内容特征的向量表示；

　　　W_s——用户兴趣特征的向量表示；

　　　K——总共的特征数量。

计算得到的数值按照它们的大小进行排序，然后把最前面的几个对象作为推荐结果。

其中，用户模型的描述与目标对象的内容特征描述是基于内容的推荐策略的关键。对文本内容的特征提取是目前比较成熟的方法技术，在此基础上，基于内容的推荐在相应应用领域具有广泛的应用，如网页推荐、新闻推荐等。然而，除了文本内容，多媒体信息也是信息传播媒介中一个比重很大的存在，要想从这些多媒体数据中抽取其特征，还需要技术的支持，因此，对于多媒体信息还没有大量采用基于内容的推荐。

基于内容的推荐具有以下特点：①简单、有效、推荐结果直观、易于理解、无需专业知识。②不要求诸如使用对象评价等用户的历史数据。③对于新的推荐内容，不存在冷启动问题。④不存在稀疏问题。⑤相对成熟的分类学习算法，如数据挖掘、聚类分析等，可以为基于内容的推荐提供一定的支持。

基于内容的推荐有以下几个有待改进的地方：

1）推荐目标的特征提取能力限制了基于内容推荐的广泛使用。主要是缺乏对图像、视频、音乐等多媒体数据有效的特征提取方法。就算是对于文本数据，其特征提取方式也仅能体现出信息的部分内容，比如，很难从页面中提取出内容质量这一特征，而这些特征却是能够影响用户满意度的数据。

2）新的推荐结果难以产生。如果推荐的内容与用户的喜好相一致，那么用户就只能得到与之前相似的推荐结果，难以找到新的有价值的信息，无法挖掘用户的潜在兴趣。

3）当新的使用者出现时，有一个冷启动问题。在新用户出现后，很难得到用户的喜好，无法与推荐目标的内容特征相匹配，从而导致用户难以得到满意的推荐结果。

4）需要大量数据才能对所述推荐的目标内容进行分类。当前，虽然有多种分类方法，但是在构建分类器时都需要大量数据，这就给分类带来了一些困难。

5）基于内容推荐系统的另一个问题是，用户模型与不同的语言说明的推荐目标模型不能兼容。

（2）协同过滤推荐

协同过滤推荐是最成功的推荐策略，从 20 世纪 90 年代起，对整个推荐体系的研究起到了重要的推动作用。这一领域内有许多的论文和研究。例如，Ringo 推荐系统、Grouplens 推荐系统、Tapestry 邮件处理系统以及 Grundy 书籍推荐系统等，都是此类推荐系统。

协同过滤推荐的基本理念参考了人类在日常购物选择商品、选择餐厅、选择电影时的思考方式。如果一个人有不少朋友都买了某一件东西，那他有很大的可能性也会买。又比如如果使用者喜欢某一种产品，那么在看到类似的产品并且其他使用者对该产品的评价很高时，也有很大的可能会购买该类似产品。协同过滤推荐的用户模型为用户-项目评价矩阵 $R_{i,j}$，表示第 i 个用户与其对第 j 个项目评分的映射关系。

协同过滤推荐主要可分成三类：基于用户的协同过滤推荐（UB-CF）、基于项目的协同过滤推荐（IB-CF）以及基于模型的协同过滤推荐（MB-CF）。

1）基于用户的协同过滤推荐（UB-CF）

这种推荐策略也称为基于内存的推荐（MB-CF），其原理是根据好友的推荐来选择某个推荐对象。也就是说，当某个人与某些用户对一些推荐对象的评价很接近时，则表示这个人的喜好和这些用户的喜好差不多，那他们给其他推荐对象的评分也应该和这些用户差不多。因此，基于用户的协同过滤推荐首先就是寻找与目标用户喜好相近的相邻邻居，并通过目标用户的最近邻居对推荐对象的评价预测出目标用户对该未被评价的推荐对象的评价，并从中选出几个具有较高预期评价的推荐对象作为推荐结果推荐给目标用户。整个推荐流程如图 3-17 所示。

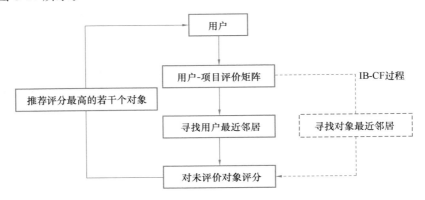

图 3-17　基于用户的协同推荐流程

基于用户的协同过滤推荐主要由两部分内容组成：第一个是对最近邻的查询，第二个是推荐生成。它的核心部分是最近邻查询。要想找出最近的邻居，必须要衡量用户间的相似度，相似度越高，用户就越相近。将用户 i 与用户 j 的相似度表示为 $sim(i,j)$。用户之间的相似度可以通过 m 维矢量之间的相似度来衡量，如图 3-17 所示，主要有三种测量用户之间相似度的方法：

① 余弦相似性（Cosine）：用向量 i, j 表示用户 i 与用户 j 在 m 维对象空间上的评分，则可用式（3-15）计算 $sim(i,j)$ 的相似性：

$$sim(i,j) = \cos(i,j) = \frac{i \cdot j}{\| i \| \times \| j \|} \tag{3-15}$$

② 相关相似性（Correlation）：用 I_{ij} 表示用户 i 与用户 j 共同评分的对象集合，则可用式（3-16）Pearson 相关系数度量计算用户 i 与用户 j 之间的相似性：

$$sim(i,j) = \frac{\sum_{c \in I_{i,j}} (R_{i,c} - \bar{R}_i)(R_{j,c} - \bar{R}_j)}{\sqrt{\sum_{c \in I_{i,j}} (R_{i,c} - \bar{R}_i)^2} \sqrt{\sum_{c \in I_{i,j}} (R_{j,c} - \bar{R}_j)^2}} \tag{3-16}$$

式中　$R_{i,c}$——用户 i 对推荐对象 c 的评分；

$R_{j,c}$——用户 j 对推荐对象 c 的评分；

$\bar{R}_i$ 和 $\bar{R}_j$——用户 i 与用户 j 的平均评分。

③ 修正余弦函数弦相似性（Adjusted Cosine）：在余弦相似度测量中没有考虑到不同使用者的评分标准不同，通过减去使用者对被推荐物的平均得分可以改进这一情况，即修正余弦相似度量方法。用 I_i 和 I_j 分别表示用户 i 与用户 j 评分过的推荐对象集合，I_{ij} 表示用户 i 与用户 j 共同评分过的推荐对象集合，则用户 i 与用户 j 之间的相似性 $sim(i,j)$ 如式（3-17）所示：

$$sim(i,j) = \frac{\sum_{c \in I_{i,j}} (R_{i,c} - \bar{R}_i)(R_{j,c} - \bar{R}_j)}{\sqrt{\sum_{c \in I_j} (R_{i,c} - \bar{R}_i)^2} \sqrt{\sum_{c \in I_j} (R_{j,c} - \bar{R}_j)^2}} \tag{3-17}$$

式中　$R_{i,c}$——用户 i 对推荐对象 c 的评分；

$R_{j,c}$——用户 j 对推荐对象 c 的评分；

$\bar{R}_i$ 和 $\bar{R}_j$——用户 i 与用户 j 的平均分。

相似度量方法主要是用来帮助目标用户找到其最近邻居，以产生相应的推荐。这里，用 NN_u 表示用户 u 的最近邻居集合，则用户 u 对最近邻居集合 NN_u 中项的评分即视为用户 u 对推荐对象 i 的预测评分 $P_{u,i}$，如式（3-18）所示：

$$P_{u,i} = \bar{R}_u + \frac{\sum_{n \in NN_u} sim(u,n) \times (R_{n,i} - \bar{R}_n)}{\sum_{n \in NN_u} | sim(u,n) |} \tag{3-18}$$

式中　$sim(u,n)$——用户 u 和用户 n 之间的相似性；

$R_{n,i}$——用户 n 对推荐对象 i 的评分；

$\bar{R}_u$ 和 $\bar{R}_n$——用户 u 和用户 n 对推荐对象的平均评分。

根据以上的方法，预测用户对所有未被评价的推荐目标的分数，并选取最高评分的几个推荐对象作为推荐结果，将其反馈给用户。

2）基于项目的协同过滤推荐（IB-CF）

如果基于用户的协同过滤推荐是以用户为基础的话，那么基于项目的协同过滤推荐则是以项目，也就是以推荐对象为基础的。也就是说，如果大部分用户对一些推荐对象的评分都比较相近的时候，则视这些推荐对象为相似的项目。当当前用户对其中部分推荐对象都表示了偏好的时候就可以将其他类似推荐对象推荐给当前用户。基于项目的协同过滤推荐的基本流程是先查询推荐对象的近邻，因为当前用户对目标推荐对象最近邻的评价会和目标推荐对象的评价很相似，因此，可以通过当前用户对目标推荐对象最近邻的评价来预测当前用户对目标推荐对象的评价，并从中选出几个具有最高预测评价值的目标对象作为推荐结果。

基于项目的协同过滤推荐流程，其主要内容与在基于用户的协同过滤推荐一样，也是包括两部分，一个是对目标推荐对象的最近邻进行查询，另一个是生成的推荐。最近邻查询是该方法的核心部分。推荐对象的最近邻查询其实就是计算所推荐对象间的相似度。测量推荐对象的相似性是指计算表 3-4 所示矢量之间的相似性，而计算推荐对象间相似性的方法与计算用户之间的相似性的方法一样分为三种，即余弦相似性、相关相似性和修正余弦函数弦相似性（Adjusted Cosine）。仅有的不同是输入时选取的向量是表 3-4 中的列构成的向量。当找出目标推荐对象的最近邻时，就可以生成推荐了。用 NB_T 表示目标对象 T 的最近邻居集合，通过式（3-19）可以计算得到用户 u 对目标 T 的预测评分 $P_{u,T}$：

$$P_{u,T} = \bar{R}_T + \frac{\sum_{n \in NB_T} sim(T,n) \times (R_{u,n} - \bar{R}_n)}{\sum_{n \in NB_T} |sim(T,n)|} \tag{3-19}$$

式中 $sim(T,n)$ ——目标对象 T 与最近邻居 n 之间的相似性；

$R_{u,n}$ ——用户 u 对对象 n 的评分；

$\bar{R}_T$ 和 $\bar{R}_n$ ——对象 T 和对象 n 的平均分。

从式（3-19）的计算结果中，将几个具有最高预期得分的对象作为推荐结果反馈给当前用户。

用户评分矩阵

表 3-4

	对象 1	......	对象 k	......	对象 n
用户 1	$R_{1,1}$	......	$R_{1,k}$	......	$R_{1,n}$
......	......	......		......	......
用户 m	$R_{m,1}$	......	$R_{m,k}$	......	$R_{m,n}$

注：列表示用户间的相似度，行为对象间的相似度。

3）基于模型的协同过滤推荐（MB-CF）

基于模型的协同过滤推荐是通过用户许多推荐对象的打分得到一个用户与推荐对象间的关系模型，进而预测该用户对其他推荐对象的评分。与前面提到的两种协同过滤推荐方案的区别是，基于模型的协同过滤将统计学与机器学习的方法相结合用于预测。该方法的核心是用户模型的构建。

总结来说，协同过滤的优点包括：

① 可以使用协同过滤在复杂的非结构化的对象上，诸如电影、音乐、图像等多媒体推荐对象。

② 能够找到用户的潜在爱好。协同过滤能够在内容上找到完全不同的资源，同样，用户也无法提前预测到推荐信息的内容。

③ 推荐不需要专业知识。

④ 推荐性能随使用者数量的增加而不断提高。

⑤ 以用户为中心自动进行推荐。

协同过滤的不足主要体现在：

① 冷启动问题。新用户不能得到推荐，因为系统中没有他们的喜好信息，新的推荐也因为没有人对其进行评估而无法推荐给用户，这就是"冷启动"问题。在推荐系统中，冷启动是一个非常困难的问题。

② 稀疏性问题。用户数量的大量增加，以及不同用户选择的差异性，可能会导致用户间的评分差别很大。与此同时，由于推荐对象的数目急剧增加，导致很多推荐对象没有经过用户评分。这会造成一些用户得不到任何推荐，而一些推荐对象永远无法推荐给潜在用户，这就是稀疏性问题。

③ 系统的推荐质量由历史数据决定，这导致了系统初始启用时推荐质量较差。

（3）混合推荐

不同的推荐方式都有其优点和不足之处，在实际应用中可以根据不同的问题选择不同的推荐策略组合，也就是所谓的混合推荐。混合推荐的目标是将多种推荐策略进行组合，以达到扬长避短的效果，使其更好地满足用户的需要。从理论上来说，推荐组合的方式有很多种，但是，最常用的混合推荐是把基于内容的推荐和系统过滤推荐相结合的组合方式。根据应用场合的不同，它们的组合方法主要有两种思路：

1）推荐结果混合

这是一种最简单的混合方式，通过两种或者更多的方法来生成推荐结果，再通过特定的算法把推荐结果混合在一起综合推荐。在大量的推荐结果中，如何从中选出对于用户来说最优的推荐结果是本算法的一个关键问题。例如，将推荐结果通过投票机制进行混合，也可以使用特定的标准来判定这两种推荐结果，还可以通过预测评分的线性组合进行推荐，以及选择一种与使用者过往打分相符的结果进行推荐，或者计算两种推荐结果的可信度等。

2）推荐算法混合

在某种推荐策略框架的基础上，将其他推荐战略结合进来。比如在协同过滤推荐框架中混合入基于内容的推荐、在社交网络分析的框架中混入基于内容的推荐、在协同过滤推荐的框架内混入基于网络结构的推荐以及在基于网络结构的框架中混入基于社交网络分析方法的推荐等。

除了上述三种常见的推荐方法外，也还有很多种其他方法，比如关联规则分析推荐，Agrawal 等（1993）在关联规则中引入 Apriori 算法，Han 等（2004）对其进行了改进并根据消费者的购买习惯，应用该算法对产品销售进行了预测。

3. 推荐系统的性能评价

推荐系统的性能评价一般通过推荐准确度和推荐效率来衡量。

测量准确度的最典型的方法是平均方差（MAE）、平均绝对误差（RMSE）和标准平均误差（NMAE）。其计算形式分别由式（3-20）、式（3-21）、式（3-22）表示：

$$MAE = \frac{1}{n} \sum_{a=1}^{n} |p_{ia} - r_{ia}| \tag{3-20}$$

$$RMSE = \sqrt{\frac{1}{n_i} \sum |p_{ia} - r_{ia}|^2} \tag{3-21}$$

$$NMAE = \frac{MAE}{r_{\max} - r_{\min}} \tag{3-22}$$

式中 n ——系统中用户 i 打分产品的个数；

p_{ia} 和 r_{ia} ——预测打分和实际打分；

n_i ——系统中用户-产品对的个数；

$r_{\min}$ 和 $r_{\max}$ ——用户打分区间的最小值和最大值。

推荐的准确度也可以用准确率（Precision）和召回率（Recall）来衡量。准确率 P 是指推荐列表中用户喜欢的对象和所有被推荐对象的比率，如式（3-23）所示；召回率 R 是指推荐列表中用户喜欢的对象与系统中用户喜欢的所有对象的比率，如式（3-24）所示：

$$P = \frac{N_{rs}}{N_r} \tag{3-23}$$

$$R = \frac{N_{rs}}{N_s} \tag{3-24}$$

式中 N_{rs} ——推荐列表中用户喜欢的对象数目；

N_s ——所有被推荐的对象数目；

N_r ——用户喜欢的所有的对象数目。

准确率和召回率评价体系的最大问题在于它们必须一起使用才能全面评价算法的性能，F 指标是一个综合两者的方法，如式（3-25）所示：

$$F = \frac{2PR}{P+R} \tag{3-25}$$

式中 P ——准确率；

R ——召回率。

除了这些经典的评价指标，周涛等（2007，2008）提出的几个衡量推荐算法的指标也有很好的效果。

第一个是推荐的多样性，一个优秀的推荐系统应该可以为使用者提供不同类型的对象。设推荐列表的长度为 L，用户 i 与用户 j 在推荐类表中相同项的数量为 Q，则衡量推荐列表的外部多样性指标用平均加权距离 S 表示，通过式（3-26）、式（3-27）进行计算：

$$H_{ij} = 1 - \frac{Q}{L} \tag{3-26}$$

$$S = \frac{1}{m(m-1)} \sum_{i \neq j} H_{ij} \tag{3-27}$$

式中 m ——用户的数量。推荐系统的个性化越高，该值就越大。

用户 u_l 推荐列表内部的相似性（I_l）通过式（3-28）进行计算：

$$I_l = \frac{1}{L(L-1)} \sum_{i \neq j} s_{ij}^o \tag{3-28}$$

式中　　s_{ij}^o——对象 o_i 和 o_j 之间的相似度。

整个系统的内部相似性（I）定义如式（3-29）所示：

$$I = \frac{1}{m} \sum_{l=1}^{m} I_l \tag{3-29}$$

这个数值越小，推荐的多样性就越好。

第二是推荐冷门对象的能力。如果一个推荐系统能找出用户喜欢的冷门对象而不是将大家都喜欢的对象推荐给用户，那么这个推荐系统必然更受欢迎。对象的受欢迎程度依靠平均度来衡量，而单纯的平均度是不能保证 S 和 I 也能取得较好效果，较好的推荐算法需要同时具有高 S 值、低 I 值和低平均度这三个指标。

推荐系统主要使用以下几个数据集进行研究和测试：电影类数据集（Netflix、MovieLens、EachMovie），书籍类数据（Book Crossing），笑话类数据集（Jester Joke）以及新闻类数据集（Usenet Newsgroups）。此外，还有 UCI 数据库为模型训练提供了大量的样例。

本章小结

建筑环境智能化不单体现在可感知到环境中的变化，更在于对感知数据进行智能化的处理分析乃至于给予决策支持。本章主要介绍了建筑环境智能中的普适计算。主要包括了数据挖掘与机器学习技术、边缘计算与云计算技术、上下文感知技术以及决策支持系统设计。

针对数据挖掘与机器学习技术，主要给出了相关基本概念与基本步骤，并介绍了数据挖掘的主要任务以及机器学习的主要分类和常用算法。边缘计算与云计算是建筑环境智能中两种常见的分布式计算模型，本章分别针对这两项技术的概念、发展、关键技术以及在建筑环境智能中的应用进行了介绍。针对上下文感知技术，本章主要介绍了建筑环境智能系统中通常会用到的上下文感知技术。本章首先给出了关于上下文的一些基本概念，其次，介绍了上下文感知计算系统的基本框架。考虑到建筑环境智能系统中海量数据的问题，介绍了上下文感知推荐系统，这也是上下文感知系统发展的新趋势。建筑环境智能中的决策支持系统可以采用专家系统技术和个性化推荐技术。对于专家系统，主要介绍了它的基本概念，以及它主要可以划分的 5 类专家系统：包括基于规则的专家系统、基于框架的专家系统、基于案例的专家系统、基于模型的专家系统和基于 Web 的专家系统。对于推荐系统，首先介绍了系统的基本框架，其次介绍最常见三种推荐算法，分别是基于内容的推荐、协同过滤推荐以及混合推荐，最后介绍了对于推荐系统性能评价的指标。

思考题

1. 简述 4 种主要的数据挖掘任务。

2. 列举几种深度学习算法。

3. 什么是边缘计算？

4. 云计算服务主要分为哪三类？

5. 上下文的获取方法包括哪些？

6. 什么是协同过滤？

7. 简述基于案例的专家系统的工作过程。

思考题参考答案

知识图谱

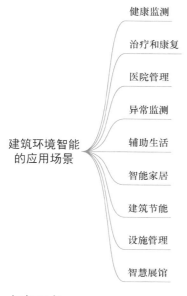

建筑环境智能
的应用场景
— 健康监测
— 治疗和康复
— 医院管理
— 异常监测
— 辅助生活
— 智能家居
— 建筑节能
— 设施管理
— 智慧展馆

本章要点

知识点1. 医疗建筑空间中的环境智能应用场景。

知识点2. 居住建筑空间中的环境智能应用场景。

知识点3. 公共建筑空间中的环境智能应用场景。

学习目标

1. 熟悉医疗建筑空间中的环境智能在健康监测、治疗和康复、智能医院方面的应用发展。

2. 熟悉居住建筑空间中的环境智能在异常监测、辅助生活、智能家居方面的应用发展。

3. 熟悉公共建筑空间中的环境智能在建筑节能、设施管理、智能展馆方面的应用发展。

4

建筑环境智能的应用场景

4.1 医疗建筑空间中的环境智能

随着社会人口老龄化趋势的加速和健康观念的转变，公众对高质量医疗服务的需求持续增长。医疗机构面临的挑战在于如何在有限的经济资源下提供更有效的医疗服务。过去的几十年，信息技术在改善医疗服务方面已经发挥了重要作用，如电子病历的广泛应用和可穿戴设备用于健康监测。

随着传感器网络技术的发展，医疗建筑环境中嵌入低成本的医疗监测系统成为可能，这为环境智能（Ambient Intelligence，AmI）在医疗服务领域的应用提供了巨大潜力。AmI 技术可以用来监测老年人或慢性病患者的健康状况，为身体或心理受限的个人提供辅助护理。AmI 也可以在康复环境中使用，为患者提供多种感官反馈（如视觉、听觉、身体运动状态），在行动错误时提醒纠正动作，并激励患者坚持治疗。此外，AmI 还可以为从事医疗服务的专业人员提供技术和决策支持，提高工作效率和质量。

目前，将环境智能应用到医疗服务领域已成为一个热门课题，其应用场景涵盖了健康监测、治疗与康复、智能医院等。这些技术的实施不仅可以提升医疗服务质量，还能提高资源利用效率，使医疗服务更加精准和个性化。

4.1.1 健康监测

健康问题一直是人们关注的重点，随着社会对健康管理需求的增加，健康监测的重要性日益突显。这种监测是对特定人群或样本进行定期或不定期的观察、调查及普查，旨在收集与健康相关的信息，为健康风险评估和早期干预提供数据支持。通过这种方法，可以全面了解个体或群体的健康状况，及时干预健康危险因素，控制或预防疾病的发展。

随着传感器技术的发展，现代健康监测能够利用各种传感器测量和监控多种生理参数，例如 ECG（心电图）、EDA（皮肤电）、EEG（脑电图）、呼吸等，甚至还可以监测伤口愈合的过程。这些传感器一部分采用腕带等可穿戴设备的形式，另一些甚至可以嵌入到纺织品中，比如智能织物。大多数传感器对生理信号的监测属于非侵入式的，但有些生理监测仍需要用到侵入式设备，比如测量脑电图需要使用到电极。但无论传感器的形式如何，它们都能帮助患者通过连续的健康监测和异常情况检测来把控自身的健康状况。在传统的医疗服务中，这种连续的健康监测是不可能的，只会在患者就诊的时候采取一种或几种健康检测方式。即使对于健康人群来说，他们也能从这种连续的健康监测中获益良多。

传感器开发、嵌入式系统、无线网络和计算机视觉被越来越多地应用于对人们的健康监测。例如，Prati Andrea 等对基于视觉的患者监护进行了研究，提出基于摄像头的监控系统可以为护理人员提供除了患者生命体征以外的更多的有用的信息。例如，在临床环境中，在病房中的不平衡行走、爬床和不规则的身体姿势等异常活动可能会导致例如跌倒、疼痛或受伤，这些信息无法用现有的病人监护仪进行监测，但可以在视频中很好地被识别到。在 J. Geoffrey Chase 等的一项研究中，他们在重症监护病房安装了摄像头，用于观察镇静患者的躁动现象。Kittipanya-Ngam 等研究了智能视频分析系统在医院病房患者监测中的应用，摄像头用于监护患者的行为活动以便更好地进行健康评估。当系统检测到患者的跌倒等危险动作时，可发出警报，引起护理人员的注意。此外，系统中记录的病人活动信息，可为医护人员设计更好的护理方案提供基础信息。而在实际应用过程中，为了保护病人的隐私，可考虑使用 Kinect 传感器来收集深度数据用于行为分析。Kinect 等深度传感器可确保全天监测，Banerjee 等设计了一种系统，可以通过深度传感器检测床上是否有患者，并减少跌倒检测的误报。在 L. Cattani 等的研究中，来自多个深度传感器设备（例如 Kinect）的运动信号被提取并处理，以使用最大似然（ML）标准估计病理运动的周期性。由于婴儿受到疼痛的影响后，可能导致大脑发育异常，从而产生长期的不良神经发育结果，他们的非侵入性系统可以帮助全天候监测新生儿重症监护病房，甚至可以应用于普通家庭。Anand Motwani 等提出了一种基于深度学习（DL）和面向云分析的新型框架，即根据患者的生命体征和活动背景，通过环境辅助生活设备监测并预测用户的健康状况并在必要的时候呼叫辅助服务（SPMR）。本地智能处理（LIP）模块和 SPMR 中设计的面向云的分析促进了实时处理和智能。在该实验研究中，研究人员通过收集慢性血压障碍患者的案例，构建了不平衡数据集并预测患者的真实健康状况。SPMR 即使在没有互联网和云服务的情况下也能实时提供预防和护理，实时监测患有慢性疾病（如血压异常和糖尿病）的患者。随着摄像头成本的降低和计算机视觉技术的成熟，用于医疗保健的监控系统将得到进一步发展，也可以与其他传感器结合使用以提高鲁棒性和准确性。尽管技术革新为健康监测带来了巨大的前景，但也还需要克服一些障碍，主要障碍包括用户的可接受性和失去隐私的风险。

作为医疗建筑空间的一个典型案例，在 ICU（Intensive Care Unit，重症监护室）中应用 AmI 技术已经成为研究的一个新方向。例如，针对目前许多重症监护的指标不能自动获取而需要护士手动记录和重复观察（例如患者的面部疼痛表情、情绪状态）才能得到的问题，Anis Davoudi 等设计了一个使用普适传感和深度学习进行自主患者监护的智能 ICU（图 4-1），监护内容包括面部识别、面部动作单元检测、头部姿势识别、面部表情识别、姿态识别、肢体运动分析、噪声检测、光照水平检测和来访频率分析。该系统利用三个可穿戴式加速度传感器、一个光传感器、一个声音传感器和一个高分辨率摄像头来获取 ICU 中患者及 ICU 环境的数据：使用计算机视觉和深度学习技术从视频数据中识别患者的面部、姿势、面部动作单元、面部表情和头部姿势；通过视频数据，检测房间内的访客或医务人员的数量来确定来访频率；为了补充用于活动识别的视觉信息，分析了佩戴在手腕、脚踝和手臂上的可穿戴加速度计传感器的数据。此外，还采集了房间的声压水平和光强度水平，以检查它们对患者睡眠质量的影响，由弗里德曼睡眠问卷进行评估。这样一个智能 ICU 可以诊断和监测病人的情绪和行为，辅助进行病人的健康状态检测（比如痛苦的表情可以潜在地用于预测患者的恶化风险）；通过视频数据了解患者的活动状态，通过运动分析方法了解其身体活动强度，从而帮助医疗从业者更好地确定康复和辅助行动需求，优化对患者的护理；环境监测数据和患者的活动以及面部表情模式的结合还能用于实时量化调整可修改的环境因素，例如噪声和光。

据估计，在一个 ICU 房间安装这样一个系统需要 300 美元左右，相较于平均每个患者在 ICU 中一天所花费的数千美元而言，是较低的成本。另外，监护系统也是可以重复使用的。该研究结果表明了使用非侵入式系统对重症患者及其环境进行精细和自主监测的可行性。此外，该技术不仅可以帮助实时管理重复的患者评估，还可以将这些数据源与电子健康记录数据进行整合和关联分析，从而有可能采取更及时和更有针对性的干预措施。

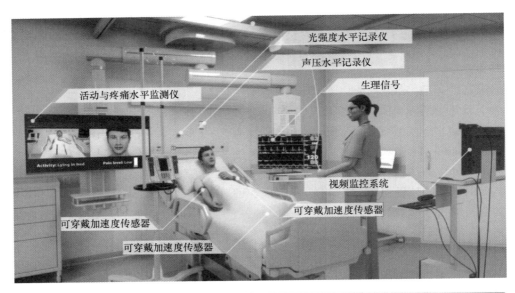

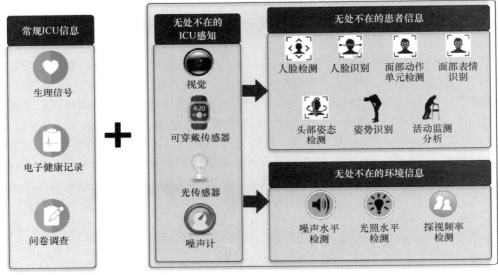

图 4-1　布设各种传感器的智能 ICU

　　重症监护环境中的 AmI 可以减少护士的工作量，使他们能够将时间花在更关键的任务上，还可以通过低成本和高容量的智能数据处理来增强人的决策。

　　如今，许多学者也尝试将监测设备与服装面料相结合，例如，BIOTEX 项目可以根据 pH 变化和炎性蛋白浓度来监测疼痛状况；也有项目的研究聚焦于医疗植入物，比如"Healthy Aims"项目开发了一系列医疗植入物以帮助老龄人群。开发完全非侵入式的健康监测方法是另一个活跃的研究领域，例如，Masuda 等通过测量充气床垫的压力扰动并依靠心脏和呼吸的低频特性来测量呼吸频率和心跳等生理体征。同样地，Andoh 等开发了一种睡眠监测床垫，用于分析呼吸频率、心率、打鼾和身体运动。SELF 智能家居项目还使用压力传感器阵列、摄像头和麦克风监测各种因素，例如姿势、身体运动、呼吸、血氧、口鼻气流和呼吸暂停等。

值得注意的是，融合来自各种传感器的数据或者日常活动信息有着巨大的发展潜力，这将使得医疗卫生服务能够通过持续监测及早发现疾病，从治疗转为预防，同时将医疗护理转向个性化发展，减少对于机构护理的需求。

4.1.2　治疗和康复

除了对病患进行健康监测，利用 AmI 技术进行患者的治疗和康复也是一个重要的应用领域。根据世卫组织残疾和康复团队的数据，需要康复服务的预估人数正在持续增长（占全世界人口的 1.5%），然而，目前的医疗解决方案和技术不足以满足所有的康复需求。在这种情况下，AmI 可以形成创新的方法，提高患者的治疗效果、加快康复进程，其主要可以应用于以下几个方面：①智能辅助诊断：通过分析患者的医疗数据和病历信息，AmI 可以辅助医生进行疾病诊断和治疗方案的制定。例如，可以利用机器学习算法对大量的医疗数据进行分析，从中发现潜在的疾病模式和规律，帮助医生作出更准确的诊断。②智能康复辅助：AmI 可以应用于康复治疗中，通过智能设备和传感器监测患者的运动和生理指标，提供实时的康复指导和反馈。例如，可以对患者的运动数据进行分析，根据患者的康复进展和个体差异，自动调整康复计划，提供个性化的康复指导。③智能药物管理：AmI 可以应用于医疗建筑空间中的药物管理，通过智能药柜和药物分发系统，实现对患者用药的监测和管理。

智能康复辅助方面的研究较为广泛，可通过开发基于传感器网络和其他技术方法（如机器人技术和脑机接口）的特殊康复系统来实现。例如，Jarochowski 等提出了一种普适康复中心系统，集成了基于 Zigbee 的无线网络和监控患者以及康复机器的传感器，与管理康复中心所有方面的服务器应用程序相连接，使得康复专家可以为患者分配处方。Piotrowicz 等描述了家庭心脏远程康复系统的要求，需要通过连续监测（基于 AmI 技术）识别和确认患者的状态，并作出相应反应，同时系统获得的数据可以为心脏病专家提供患者护理的有用信息。Helmer 等提出的康复系统则改善了慢性阻塞性肺疾病患者的生活质量，该系统包括用于自动监测康复训练的组件，可以基于患者的重要数据控制锻炼的目标负荷。G. S. Karthick 等提出了一种面向云的安全 WBAN 架构、安全数据传输算法和以患者为中心的医疗框架。该研究通过医院环境辅助护理（AAC）分享了一个案例，在一个病房中，必须对患者进行持续监测，以预测他们的康复率并诊断疾病的严重程度。Abdul Rehman Javed 等提出了协作共享医疗保健计划（CSHCP）的框架，并开发了一个基于 Android 的框架，负责识别和监控日常生活活动，用于使用环境智能应用技术和机器学习技术进行认知保健和健康评估。CSHCP 为日常身体活动的识别、监测、评估提供支持，并根据不同利益相关者（医生、患者监护人以及密切的社区圈子）之间的协作制订共享的医疗保健计划。基于传感器网络和其他技术的康复系统在使用时应在各方知情的情况下进行，并最大限度保护患者隐私数据。

通过配备无线、可穿戴或环境生命体征传感器，收集患者生理状态的详细实时数据，实现自主康复和治疗创新活动。举例而言，Philips Research 的中风康复训练器可引导患者进行治疗师指定的运动训练，通过无线惯性传感器系统记录患者运动，分析数据与个人目标的偏差，并向患者和治疗师提供反馈。Hocoma AG Valedo 系统是一种背部训练设备，利用基于躯干运动的实时增强反馈激励患者。该系统通过两个无线传感器将躯干运动传输到一个激励性游戏中，引导患者进行专为腰痛治疗设计的训练，并可根据患者需求调整训练。

Albert Haque 等在 ICU 中通过环境传感器收集数据，利用机器学习算法对床上、床下和步行活动进行分类，检测患者是否神志不清，并了解这些活动如何影响死亡率、住院时间和患者康复。在 ICU 中使用可穿戴设备检测接触预防措施设备的使用以及与患者的身体接触。

Jovanov 等开发了一个基于无线体域网（WBAN）的计算机辅助物理康复应用程序和动态监测系统。该系统对传感器数据进行实时分析，为不同治疗领域的用户提供指导和反馈，如中风康复、髋关节或膝关节手术后的物理康复、心肌梗死康复和创伤性脑损伤康复。Tril 项目提供一个实际应用示例，通过名为 BASE 的子组件，采用传感器网络收集必要的数据，提供锻炼计划，并使用计算机视觉算法验证这些康复体验的正确性。

基于传感器网络构建神经退行性疾病的康复系统也是研究的一个方向。以下是一个利用可穿戴设备治疗帕金森病患者"冻结步态"症状的研究案例。

冻结步态（Freezing of Gait，FOG）是一种以反复发作的短暂性步态迟滞、中止为特征的步态障碍，常见于帕金森病，患者起步犹豫，不能行走，或行走时感觉自己的脚像"粘"在地板上，有的患者描述为"被地板吸住，抬脚、迈步困难"，一般持续数秒，偶尔时间长到 30 秒，大约 50% 的帕金森患者经常表现出冻结步态的症状。FOG 对患者的日常生活有很大影响，这也是导致跌倒的常见原因。左旋多巴是治疗冻结步态的常见药物，药效时间在 2 至 6 小时不等，随着时间推移，服药后患者的运动能力会逐渐恶化，且有些患者的恶化程度更显急促和不可预料。随着病情发展，药效时间会缩短，给药频率不可避免增加。药物对于 FOG 治疗的限制促使了非药物治疗方法的开发，作为缓解症状和改善活动能力的辅助治疗。

研究表明，听觉提示对于提升帕金森患者的行走速度有着显著影响，而有节奏的听觉刺激（Rhythmic Auditory Stimulation，RAS）对于改善帕金森患者的步态尤为有效。在此基础上，研究者提出了一种结合听觉提示并在 FOG 发生时给予 RAS 的可穿戴设备用于缓解帕金森患者的冻结步态现象。图 4-2 是该设备的示意图。

如图 4-2 所示，该装置用到的设备包括：①一台可穿戴微型计算机，能够记录数据和在线处理信号，功耗低于 2W，使用电池可运行 6 小时以上，一般采用 USB 和蓝牙作为扩展接口，允许连接各种生理和非生理传感器，还可使用 Zigbee 和 ANT 无线接口进行扩展。②三个三维加速度传感器，一个位于脚踝上方，一个在膝盖上方，第三个连接在腰带上，位于背部下方。传感器采集的数据通过无线蓝牙连接到可穿戴计算机，进行在线数据处理。③挂在患者脖子上的耳机，每当发现 FOG 现象时，会产生 1 次/秒的嘀嗒声，并随着患者恢复行走而停止。

Moore 等在测量了 11 例帕金森患者左小腿垂直加速度并分析了 6s 间隔的功率谱后发现，在 FOG 发生时腿部运动 $3\sim8Hz$ 频段的高频部分在正常站立或者行走时并不明显（图 4-3），进一步，Moore 引入了"冻结指数"（Freeze Index，FI）来客观评估 FOG 的发生，FI 被定义为"冻结"频段（$3\sim8Hz$）的功率除以"运动"频段（$0.5\sim3Hz$）的功率，当 FI 高于一定阈值时即可认为发生了 FOG 事件。根据 Moore 描述的原理，研究者

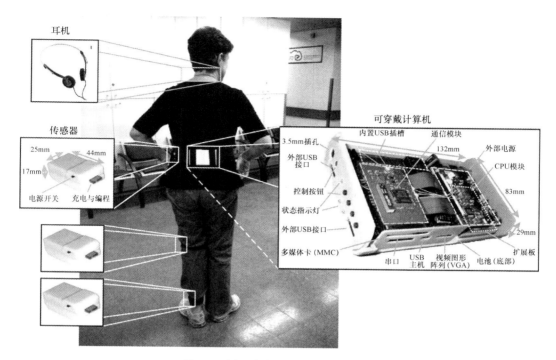

图 4-2 用于治疗 FOG 的可穿戴设备

开发了一种在线 FOG 检测算法，并进行了改进，包括：①降低延迟；②包含能量阈值（用于区分站立状态和其他状态）；③实时在线操作。

由图 4-3 可以看出，人体运动的频率分布主要集中在 0～30Hz，超过 96％的总能量都在这个范围内（包括行走时和 FOG 状态）。对于站立状态，由于几乎没有任何运动，功率谱密度主要受传感器噪声影响，大约 10％的信号能量低于 0.5Hz，其余的大约平均分布在整个频谱（白噪声）。而且除了频率分布外，站立时的总能量明显低于行走时或 FOG 状态，这使得可以使用一个能量阈值来区分站立和其他状态。

在实验验证阶段，研究者招募了 10 名有 FOG 病史的特发性帕金森患者，平均年龄66.4 岁，并排除了严重视力或听力障碍、痴呆和其他神经或骨科疾病。实验场地位于特拉维夫苏拉斯基医疗中心神经内科步态与神经动力学实验室，并控制在这些患者最后一次抗帕金森药物摄入超过 12 小时（药效已过）的时候进行检测。实验方案包括两个环节，一次没有 RAS 提示，另一次有 RAS 提示，即当检测到 FOG 发生时，RAS 设备会给出听觉提示。每个环节包括三个基本的行走任务，每次 10～15min，用于模拟日常生活的不同方面，包括：①沿着实验室走廊直线行走，包含几个 180 度的转弯；②在房间里随机行走，包含一系列主动停止和 360 度的转弯（由实验人员向受试者发出指令）；③日常生活行走模拟（ADL），包含进入/离开房间、进入实验室厨房喝点东西、拿着一杯水回到开始的房间，如图 4-4 所示。

在实验的第一个环节，设备会记录所有的必要数据，但不会给出 RAS 提示，第二个环节是第一个环节的重复，但有 RAS 提示以帮助患者在检测到 FOG 时恢复行走。所有步行实验都有视频录像，穿戴设备记录的腿部运动数据和视频也是同步的。实验中受试者

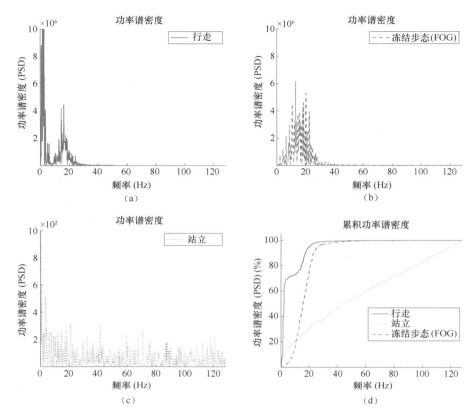

图 4-3　行走、FOG 和站立在 0～128Hz 的功率谱密度（PSD）和累计功率分布

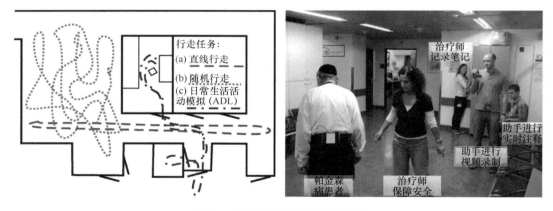

图 4-4　三种实验路线和实验场景

的各种状态（站立、行走、转弯、FOG 状态）都会被记录。在实验之后，物理治疗师通过视频记录分析，确定 FOG 准确的开始和结束时间。参与实验的患者也被要求填写两份量表对实验效果进行主观评价。

最终，实验共记录了 8 小时 20 分钟的数据，10 名帕金森患者中有 8 位在实验过程中出现了 FOG 现象，2 位没有出现，物理治疗师从视频记录中一共识别了 237 次 FOG 事件，每次持续时间从 0.5 秒到 40.5 秒不等，平均时间为 7.3 秒，其中 50% 的 FOG 事件持续时间低于 5.4 秒, 93.2% 的低于 20 秒, 结果与早期 FOG 持续时间的特征类似。治疗师的识别结果被当作检测算法性能的评估依据, 数据显示, 检测结果的敏感性（不漏诊）和特异性（不误诊）分别为 73.1% 和 81.6%。在受试者的主观评估方面, 8 名经历了 FOG 的患者中有 5 位表示, 使用该设备减少了 FOG 的发生, 另外 3 位表示没感觉到什么变化。通过录像分析, 观察到 8 名患者中有一半发生 FOG 事件更少且时间更短。物理治疗师对于 FOG 检测设备和 RAS 反馈的评价也是积极的, 特别是对于 FOG 现象严重的患者来说。不同患者对于 RAS 反馈的灵敏度反应不一, 这可能与个人的行走速度和步态差异有关。在针对用户进行特定参数优化之后, 检测性能提升到了 88.6% 的敏感性和 92.4% 的特异性。

因此, 这种通过将可穿戴传感器网络与触觉硬件结合, 并在智能医疗环境空间中使用的设备, 将大大辅助医务人员进行患者的康复训练。

4.1.3 医院管理

环境智能不仅能使患者受益, 医生、护士等医疗工作人员同样能够得到新技术的支持。利用 AmI 可以提升医疗机构的医疗服务和管理效率, 通过整合和分析大量的医疗数据, 包括患者的病历、医学影像、实时监测数据等, 来辅助医生进行诊断和治疗决策。

在早前的研究中, Sa′nchez 等于 2008 年提出了一个高度交互的智能医院愿景——iHospital。iHospital 被构想为一个充满异构计算设备的智能环境, 包括手提电脑、长期使用的固定计算机以及便于共享和讨论信息的半公开显示器等。iHospital 中的工作人员能够利用一系列感知上下文信息与环境进行交互。为了实现这一愿景, Sa′nchez 等开发了几个面向普适环境的上下文感知程序, 包括上下文感知移动通信系统、一个上下文感知地图和一个基于活动的程序。这些程序支持以下功能:

(1) 对人和工件的感知。通过使用数字楼层地图或自动更新的人员和工件列表, 工作人员能够感知到人员和工件的存在、位置和状态, 从而提高工作效率。

(2) 上下文感知通信。医院工作人员可以利用上下文信息触发对信息的检索和发送。例如, 当病人的实验室检测结果准备好时, 护士可以向负责该病人的医生发送消息, 发送者无需知道哪位医生将为病人诊治, 也无需知道结果何时出炉, 程序将根据上下文信息自动发送消息。此外, 工作人员还能够将信息从公共场所传输到个人设备、在异构设备之间共享信息以及远程监控其他设备等。

(3) 基于情境的个性化信息适配。为了向医院工作人员提供相关信息, iHospital 的服务会综合考虑上下文信息, 包括用户的身份、角色和位置, 一天中的时间以及临床信息的状态（如检测结果是否出炉）等。例如, 当医生在病人床边时, 医生的个人设备会自动显示病人的医疗记录。iHospital 的服务还会根据用户的情境个性化展示信息。例如, 当一名医生靠近一个公共显示器时, 该显示器将只显示该医生的病人、日程、消息或其他可能需要互动的人的位置。

为了实现对不同类型医院工作人员（如医生、护士和实习生）活动的识别, Sa′nchez 等训练了一个离散的隐马尔可夫模型（HMM）, 将上下文信息映射到用户活动。研究人员跟随 5 名护士、5 名实习生和 5 名医生进行了两个完整的工作轮班, 总观察时间超过 196 小时, 平均每人约 13 小时。记录的内容包括时间、地点、活动内容、使用的工具、参与的人员等，并对这些活动进行了分析和编码，例如，护士的活动类型包括信息管理（IM）、临床病例评估（CCA）、患者护理（PC）、准备（P）、协调（C）和分类确认（CC）。尽管这些活动差异很大，但它们可能有着相似的背景，例如当一名医生和实习生及护士一起在病人床前时，医生可能在讨论病情、准备药物或者提供病人护理，如何区分这些活动的信息并不明显。研究者将收集的数据转换为 HMM 的输入和输出，输入包括相关人员和工具的上下文信息、一个活动转换矩阵和一个权重向量，并为每类工作人员训练一个 HMM 来进行活动的识别，以降低模型的复杂性并提升性能。最终模型对三类人员活动的估计误差分别为：医生 7.92%、实习生 8.17%、护士 6.08%，平均为 7.4%。进一步的研究发现，模型对不同活动的识别准确率存在差异，例如，对于实习生的临床病例评估活动，模型的识别准确率达到 98.75%，而对信息管理活动的识别准确率仅为 73.75%，其余时间将其识别为协调活动，可能是因为实习生经常在这两种活动之间切换，上下文信息并没有显著变化，HMM 不能很好地区分它们。

除了享受新技术带来的便捷服务，利用 AmI 辅助医疗工作人员进行决策也是构建智能医院的一个重要应用领域。决策支持系统（Decision Support Systems，DSSs）早已广泛应用于医疗领域，用于辅助医生或其他医疗服务专业人员完成决策任务，例如对患者数据的分析。DSSs 的两种主流方法——基于知识的（知识库和推理引擎）和基于非知识的（机器学习算法等）——都能与 AmI 结合使用。AmI 的灵敏、自适应和不引人注目的特性尤其适合于设计辅助医务人员的决策支持系统。特别是，AmI 使得第三代远程护理系统的设计成为可能。第一代是紧急报警工具，能够在患者发生跌倒或其他紧急情况时寻求帮助，一般佩戴在手腕；第二代远程护理系统使用传感器检测需要协助或医疗决策的情况；第三代基于 AmI 的系统则从简单的被动方法更进一步，能够主动预测紧急情况。DSSs 可以与多模态传感器和可穿戴计算技术一起应用，用于持续监测患者的生命体征，分析数据，以便作出实时决策并适时为人们提供支持。

4.2 居住建筑空间中的环境智能

相对于医院，人们在家中待的时间更久，特别是随着人口老龄化的加速，为老人或者残疾人群的居家生活提供技术上的辅助也显得愈发重要。环境智能同样能够赋能居住建筑空间，为人们日常生活提供便捷和安全保障。

4.2.1 异常监测

异常监测是在居住建筑空间中对环境中的人或者物的异常情况进行监测和识别的过程。这一过程依赖于感知设备，如传感器、摄像头等，这些设备采集环境数据，并通过机器学习算法对数据进行分析和处理，从而识别出与正常情况不符的异常事件。具体而言，异常监测包括以下几个方面：

（1）异常事件的识别：通过对环境数据进行分析，系统能够识别出与正常情况不符的异常事件，例如火灾、漏水、燃气泄漏等。

（2）异常行为的检测：利用摄像头等设备监测居住者的行为，从而识别出异常行为，例如跌倒、突发疾病等。

（3）异常设备的检测：监测居住建筑中的设备状态，及时发现设备故障或异常，例如电器设备的过载、短路等。

（4）异常环境的检测：监测环境参数，如温度、湿度、空气质量等，及时发现异常情况，例如高温、高湿度、空气污染等。

异常监测的目的在于提高居住建筑空间的安全性和舒适性。通过及时发现和处理潜在的危险和异常情况，这项技术有助于保障居住者的生活质量和安全。特别是对于老年人或残疾人群，异常监测在居家生活中发挥着重要的作用，为他们提供了更为全面的安全保障。

异常监测的一个重要研究方向是老年人跌倒检测，因为这可能导致骨折、中风甚至死亡，这引起了广泛关注。跌倒检测研究的方法和技术分为三类：基于可穿戴设备、基于环境传感器和基于非接触式传感器，如摄像头（计算机视觉）和毫米波雷达等。可穿戴设备进一步分为基于姿势和基于运动的设备。

穿戴式跌倒检测系统使用加速度计和陀螺仪等传感器，通过检测方向和加速度来测量姿势和运动。相关学者对穿戴式跌倒监测系统架构也进行了研究。例如，当从直立变为躺卧时，负加速度突然增大，可能是发生跌倒的迹象。研究者还引入了气压传感器，作为高度的替代测量，以改进基于加速度计的跌倒检测技术。在系统结构设计方面，J. Peña Queralta 等提出了一个五层系统架构，包括可穿戴设备、智能边缘网关、LoRa 接入点、云服务和终端用户终端。这种架构在跌倒检测方面取得了超过 90% 的平均精确度和超过 95% 的平均召回率。Sheikh Nooruddin 等对跌倒系统进行了综述，将其分为基于单传感器和基于多传感器的两大类。尽管基于单传感器的系统在检测跌倒方面非常准确，但基于多传感器的系统效率更高，适用于室内监测。利用可穿戴设备检测跌倒具有成本效益、安装和设置简单等优势，但需要用户随身携带并保证电量充足，可能不太适合老年人。

环境跌倒检测系统使用环境传感器如被动红外传感器和压力传感器来检测跌倒，也可通过地板振动检测和环境音频分析等技术进行检测。Alwan 等设计了基于地板振动的跌倒检测系统，通过监测地板振动模式来检测人员的坠落。这种系统通过特殊的压电传感器连接到地板表面，分析振动模式来区分跌倒和一般活动。J. Peña Queralta 等的系统架构同样在跌倒检测方面表现出色，实现了超过 90% 的平均精确度和超过 95% 的平均召回率。利用环境设备进行跌倒检测具有成本效益高、侵入性小的特点，但需要在指定位置布置传感器，因此受到检测范围的限制。

基于视觉的跌倒检测系统利用视频特征，如三维运动、形状和静止状态，来进行跌倒的检测。举例来说，Cucchiara 等通过对监测人员姿势进行分类，分析人的行为。他们通过计算投影直方图并与储存的姿势图进行比较，成功地实现了对跌倒状态的检测，其准确率高达 95%。此外，3D 头部位置分析是该领域的另一分支，其研究基于跌倒期间垂直运动比水平运动更快的原理，通过计算头部的垂直和水平速度，并采用适当的阈值来区分跌倒和其他动作，实现了对跌倒事件的可靠检测。

E. Ramanujam 等采用了一种基于视觉的姿势监测系统，通过红外摄像机与数字录像机相连，对跌倒进行分类。这种系统通过观察老人穿着特殊设计的衣服（衣服上有反光镭射带红色）的行为，进行姿势识别。提出的跌倒检测技术包括图像分割、重新缩放和分类等多个操作模块。红外摄像机观察老人的动作，并将信号传输到数字录像机。数字录像机只捕捉信号中的运动帧。利用图像分割将运动图像分割为红色波段，并使用 k-Nearest Neighbor 和决策树分类器进一步重新缩放，以获得更好的分类效果。最终，在对 10 名不同受试者进行测试的过程中，采用 k-Nearest Neighbor 分类器的拟议模型的检测率达到 94%。

另外，German I. Parisi 等采用了一种神经认知机器人助手，该机器人能够在家庭环境中监测人的状态。与使用静态视图传感器不同，移动仿人机器人会保持对移动人的视图，并跟踪其位置和身体运动特征。学习神经系统负责处理来自深度传感器的视觉信息，并对实时视频流进行去噪处理，以可靠地实时检测跌倒事件。每当发生跌倒事件时，仿人机器人会靠近跌倒者，询问是否需要帮助。然后，机器人会拍摄跌倒者的图像，并将图像发送给跌倒者的护理人员，以进行进一步的人工评估和灵敏的干预。相对于其他方法，基于视觉的检测方法具有多个优势，如可以同时检测多个事件、侵入性小等，但在隐私方面需要更多的关注。

接下来介绍一个通过可穿戴式惯性传感器和环境中的摄像机对老年人进行行为数据采集，并融合动作异常（跌倒）识别方法和行为规律异常识别方法的研究示例。主要流程如下：首先进行多传感器数据的处理，利用可穿戴式惯性测量单元（Inertial Measurement Unit，IMU）和家庭非隐私区域布设的摄像机获取居住空间中人体活动的信息。这些数据经过预处理后用于动作识别，包括对日常行为动作和动作异常（跌倒）的识别。在动作识别阶段，经过预处理的数据分别输入到一个 Attention-CNN-LSTM 模型和三维骨架识别模型中。通过决策融合，可以得到老年人不同时刻的活动状态和所在位置。

随后，收集个体的长期活动数据，抽取关键的行为模式，并采用隐马尔可夫模型（Hidden Markov Model，HMM）构建人体长期行为序列模型。这一模型用于识别老年人每天的行为序列是否存在行为规律异常。整个技术框架如图 4-5 所示。

针对多传感器融合的动作异常识别，首先，使用可穿戴式 IMU 和多个摄像设备来采

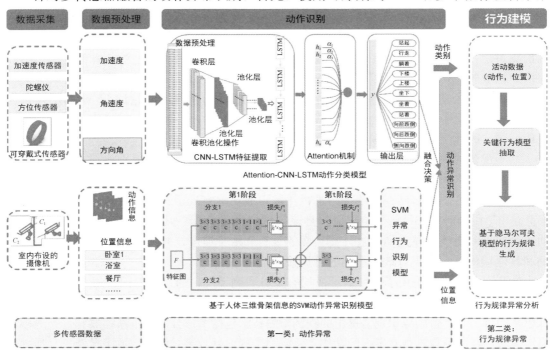

图 4-5　动作异常（跌倒）识别方法和行为规律异常识别方法技术框架

集数据。IMU 主要用于获取人体的活动数据，而摄像机则布设在居住空间的非隐私区域，用于采集人体活动位置数据和监控区域的人体活动的图像数据。

接着，引入 Attention-CNN-LSTM 模型，对惯性传感器数据进行处理以识别老年人的跌倒和几种日常动作。该模型能够处理具有不同重要性的多个特征的时间相关数据，从而识别不同类动作。Attention-CNN-LSTM 模型具有多个算法优势。首先，通过引入长短期记忆算法（Long Short-Term Memory，LSTM），模型考虑了动作数据的时间相关性，能够有效保存并传递行为时间序列中的重要信息。LSTM 是一种递归神经网络，对于时间序列数据具有长期记忆功能，通过优化传统循环神经网络中的记忆模块，解决了长期连续数据输入导致过往信息无法有效保留的问题。其次，模型中的注意力（Attention）机制能够根据信息的重要性为输入特征分配不同的权重，从而显著提高行为分类的效果。整个过程如图 4-6 所示。

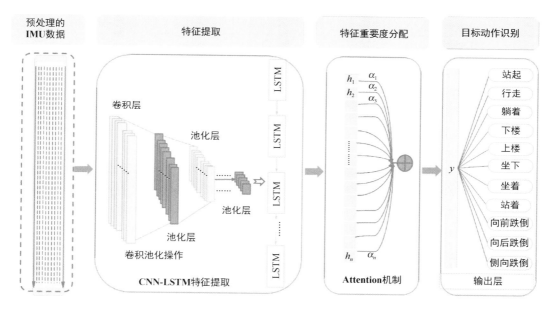

图 4-6　Attention-CNN-LSTM 算法过程

在图 4-6 中，首先使用卷积神经网络（Convolutional Neural Networks，CNN）对 IMU 数据进行局部特征提取，这些特征进一步馈送到长短时记忆网络（Long Short-Term Memory，LSTM），以编码特征学习的时间依赖性。具体而言，CNN 负责提取局部空间信息，捕捉 IMU 数据中的关键特征。随后，LSTM 用于建模时间序列上的依赖关系，使得模型能够考虑到动作数据的时间相关性，保留并传递时间序列中的关键信息。进一步，上述结果被输入 Attention 机制中，用来动态调整这些特征在不同动作中的重要性。Attention机制有助于模型更加专注于与动作识别相关的关键信息，提高了整体的分类性能。这一步骤使得模型能够更有效地处理不同动作之间的差异，对于跌倒动作的准确识别尤为关键。最后，通过 Softmax 层计算不同动作类别的概率，从而识别出不同动作。Softmax 层将模型的输出映射为概率分布，使得每个动作类别的概率能够被合理地评估。这种概率性的输出方式有助于在模型的决策中引入更多灵活性，同时提供对模型判别依据的可解释性。最终，融合 IMU 数据和图像数据的识别结果，可以得到人体动作的最终识别，包括动作异常和日常动作。考虑到 IMU 数据和图像数据的识别结果可能存在不一致或缺失的情况，为了维护人的安全与健康，制定了具体的决策融合规则，见表 4-1。在动作异常识别方面，只要任一模态识别出跌倒动作的发生，模型最终都判定为跌倒动作。而对于日常动作的识别，由于摄像机可能存在的遮挡和视野盲区，为确保数据的连续与准确性，日常动作的识别全部依赖于 IMU 数据。这样的决策融合策略在不同场景下能够更好地综合利用两种数据源的信息。

动作识别的决策规则 表 4-1

Attention-CNN-LSTM 动作模型	SVM 动作模型	判断结果
跌倒	跌倒	跌倒
跌倒	未跌倒	跌倒
日常动作	跌倒	跌倒
跌倒	—	跌倒
日常动作	未跌倒	日常动作
日常动作	—	日常动作

在动作异常识别之后，下一步是进行行为规律异常建模分析。首先，以老年人时空状态下的动作序列作为研究对象，通过长期监测老年人不同时刻的动作和位置信息，构建老年人的行为发生规律。这一过程涉及将每天的行为数据与老年人的行为规律进行比较，以识别老年人的行为规律异常。

具体而言，个体行为被分为正常动作（行为）序列模式和异常动作（行为）序列模式。在建模阶段，通过记录日常行为序列，建立个体正常行为模式。在检测阶段，通过测试样本是否符合模型的行为模式，可以判别出该个体是否出现了行为规律异常。这种方法能够在日常监测中及时识别出老年人的异常行为，为进一步的关怀和干预提供依据。

接着，对老年人的关键行为模式数据进行建模，采用隐马尔可夫模型（Hidden Markov Model，HMM）构建老年人的日常行为序列，从而获取老年人的行为规律。HMM 是一种基于统计概率的模型，它能够通过观测状态推测不可直接观察的行为状态，从而实现从老年人关键行为模式到高语义行为规律的映射。举例来说，如果观测状态是站在厨房，那么隐藏状态可能是在做饭或洗碗。因此，使用 HMM 能够完成基于动作时空序列的模拟，实现推测人类日常行为规律的目标。

最后，基于动作异常识别及行为规律异常识别的结果，进行系统设计，如图 4-7 所示。系统设计的目的是将这两方面的识别结果有机地结合，以建立一个全面有效的老年人监测系统，为老年人的健康和安全提供更加全面的保障。系统设计的优越性在于能够同时捕捉动作异常和行为规律异常，使得对老年人状态的评估更加准确和全面。

基于毫米波雷达的跌倒检测技术正成为居家监测领域的一种有前景的新方法，特别是因为它解决了传统摄像头和可穿戴设备的隐私侵犯和依从性问题。有研究团队提出了一种基于调频连续波雷达的跌倒检测方法，利用调频连续波雷达获取目标的距离、角度和速度信息，利用基于三维卷积神经网络（CNN）的 DenseNet 结构从雷达数据中提取复杂的人体运动时空特征。这种深度学习模型能够通过雷达信号捕捉到的连续运动数据中识别出潜在的跌倒事件。尽管基于毫米波雷达的跌倒检测系统展示了强大的潜力，但在连续行为监

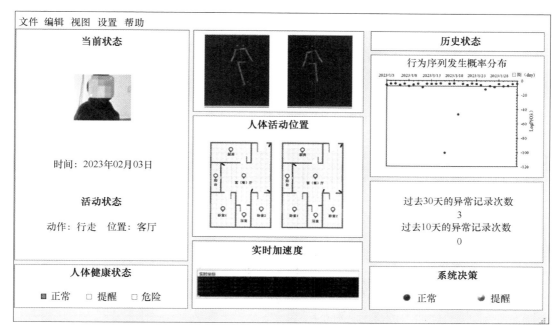

图 4-7　异常监测系统界面

测和行为模式判断方面仍面临挑战。如何精确地从持续的雷达信号中区分复杂的行为模式仍然是一个技术难题。此外，这些系统需要进一步优化以减少误报和漏报，确保系统的实用性和用户的接受度。但是，与传统监控相比，毫米波雷达技术不捕捉具体的图像，因此更能保护居家用户的隐私。这使得它在敏感环境中，如在卧室和浴室等环境的使用更加合适，具备较好的推广应用前景。

4.2.2　辅助生活

辅助生活（Assisted Living）是指通过智能技术和智能设备，为居住建筑中的居民提供各种便利和支持，以提高生活质量和舒适度。这是环境智能在居住建筑空间的另一个重要应用领域，尤其是能够为残疾人群和身体、认知能力下降的老年人群提供帮助。

以老年人群为例，许多老人常常面临慢性病的困扰，需要服用各种不同的药物。然而，由于认知能力下降，他们容易忘记服药的剂量和时间。因此，药物管理的开发变得十分必要。通过利用从各种传感器获得的上下文信息，可以以上下文感知和灵活的方式进行药物提醒。如果检测到药物的使用不符合要求，系统还可以联系护理人员。目前，关于药物管理的研究已经取得了一些进展，例如 iMat 药物管理系统，可以自动生成用药时间表。其他一些药物管理工具，如"神奇药柜"（Magic Medicine Cabinet），可以提醒用药并与医护人员进行交互；"智能药柜"（Smart Medicine Cabinet）则利用 RFID 标签监控药物的使用情况，并能够与手机通信。

除了药物管理，还有其他一些认知矫正工具，对于精神残疾患者，尤其是患有阿尔茨海默病的老年人，这些工具也能够提供很大的帮助。例如，COACH 系统利用规划和视觉技术来指导用户完成洗手任务。系统能够识别用户的洗手步骤，如果用户无法完成特定步骤，系统还会提供详细的说明。其他认知矫正工具，如 PEAT 和 Autominder，使用自动规划提供关于日常活动的一般提醒，如果观察到活动发生变化，它们还可以调整活动时间表。这些工具不仅提供了生活的方便，还可以用于认知的康复。例如，有企业开发了一种小型可穿戴相机，能够捕捉佩戴者当天的数字记录。研究表明，该相机对于帮助阿尔茨海默病患者回忆被遗忘的早期经历非常有效，起到了回顾性记忆辅助的作用。

AmI 还可以为视力受损的人们提供帮助，许多依靠不同传感器技术（如 RFID、红外传感器、GPS）的导盲系统已经被提出。其中一些系统使用 RFID 标签开发了盲人室内引导跟踪系统，还有系统将 RFID 标签嵌入盲人通道的瓷砖中。SAWN 系统使用音频接口向用户传达重要位置的名称，而 ShopTalk 项目则帮助完成像购物这样的日常活动。研究人员还通过使用传感器、通信节点、控制处理器、无线互联网接入和智能手表等支持系统，为盲人、视障者和老年人提供了有效的导航支持。这些系统在门、楼梯、墙壁、出口标志和洗手间等位置添加了蓝牙低能耗设备，以实现精确的导航。导盲系统主要服务于不能自主判断行动轨迹的人，帮助他们正常活动。然而，这些系统需要在更多的居住情景下进行测试，以保证其准确性和安全性。

如今，许多 AmI 项目试图通过一系列服务来提供全面的生活辅助。例如，RoboCare 辅助生活项目使用软件、机器人、智能传感器以及人工智能来为残疾人提供帮助。通过利用视觉技术来跟踪人和机器人的各种三维位置，该系统还具有任务执行和监控组件，用于识别当前情况，并将其与预期计划进行比较。佐治亚理工学院的"意识之家研究计划"（Aware Home Research Initiative，AHRI）包含了一系列不同项目，旨在为老年人提供帮助。例如，"独立生活方式助理"（Independent LifeStyle Assistant）项目以被动的方式监测老年人的行为，并在紧急情况下提醒护理人员。AHRI 中的其他应用可以帮助查找常常丢失的物品，如钥匙、钱包、眼镜和遥控器等。这些系统使用附加在用户想要跟踪的每个对象上的 RF 标签，以及一个远程室内定位系统来跟踪这些对象。用户通过 LCD 触摸面板与系统交互，系统使用音频提示（例如"您的钥匙在卧室里"）引导用户找到丢失的物品。目前，还提出了一种"技术教练"（Technology Coach）的概念，用于监督老年人使用家庭医疗设备，并提供适当的反馈和指导。类似于 CASAS 等智能家居项目也试图通过各种机器学习和数据挖掘技术来解析传感器数据，以非侵入式的方式提供全面的监控和辅助服务。AmI 正在通过各种技术提供全面的生活辅助，在未来的发展过程中应考虑人们对机器人、计算机视觉等技术的可接受性。

4.2.3　智能家居

智能家居是指利用人工智能技术和物联网技术，使家居设备和系统具备智能化、自动化和互联互通的能力。作为 AmI 应用场景的一个范例，智能家居中的不同设备可以通过传感器获取有关其用途的信息，并在没有人为干预的情况下独立行动。这些设备包括家电（如冰箱）、家具（如沙发）和智能助理等。智能家居的出现带来了许多积极意义，包括提高家庭安全性、提高家庭舒适度和经济性（如控制照明减少能源使用）。

目前，有很多研究关注智能家居的设计、技术和作用等方面。例如，Michaela R. Reisinger 等以智能家居的用户为中心进行设计，将用户需求分析与面向应用的设计思维相结合。他们建议，未来智能家居解决方案的设计可以从时间、空间、关系、个人因素和价值观这些维度出发，针对不同用户和情况进行设计。此外，从控制设计、低功耗设计、集成设计、可进化性设计、身份设计、社交性设计和效益设计等多个方向进行智能家居系统设计。

针对技术革新为智能家居带来的新挑战，Kevin Bouchard 等探讨了大数据背景下与智能家居相关的新兴思想和应用。他们指出，在大数据出现时，智能家居研究人员将面临的最重要挑战之一是如何更好地处理和分析海量的数据，以提高系统的智能性和适应性。

随着全球范围内老龄化现象的普遍发生，Daria Loi 关注 65 岁及以上的人群，对智能系统和环境计算在未来家庭和城市中可能发挥的作用进行探索。她指出，智能家居可以帮助建立社会联系，利用居家老年人的技能和智力资本，从而促进他们的情感、智力和社会健康，解决他们的整体健康问题，同时降低负担和成本。

在智能家居的不同应用方面，一种重要的方法是利用智能设备识别异常情况以提高家庭的安全性。例如，Sébastien Guillet 等提出了一种残疾人专用的设计和控制智能家居的方法，采用 DCS 等形式化技术，构建能够容错的智能家居以提高在残疾人使用时的安全性。对于阿尔茨海默病患者，Gibson Chimamiwa 等采用习惯识别方法，扩展了现有的知识驱动型活动识别系统 E-care@home，以捕获患者的习惯和习惯变化，从而检测异常情况。对于多居民智能家居的活动识别，Son N. Tran 等使用实证方法比较了不同的通用方法，包括时间模型算法和非时间模型算法。实证结果表明，在使用时间模型的情况下，使用组合活动作为单个标签比使用单独的标签更有效。在时间模型中，具有门控循环单元的递归神经网络实现了最高的平均准确率和 F1 分数。对于非时间模型，提出了两种类型的输入表示，即 CONCAT 和 MAX，MAX 的功能略好于 CONCAT，效率更高。

在提高家庭舒适性方面，一些应用案例着重于节能和环境适应。例如，欧洲的 ALADIN 项目专注于为老龄化人口提供环境照明援助，通过自适应照明系统调整光的参数，有助于健康的睡眠，从而提高生活质量。另外，Igor Dric 等通过物联网、环境智能、用户分析和多媒体的概念和技术，开发了一个能够根据用户的习惯、一天中的时间和天气找到适合用户需求的多媒体内容的平台模型。该系统通过调整光量、控制窗帘的移动和设置室温来适应用户的环境，使他们感到尽可能舒适。

除了利用智能设备实现智能场景，让家庭本身获得智能也是实现 AmI 的一个途径。一些项目，如 MavHome，将环境视为智能代理，通过传感器观察记录住户的活动，学习自动化环境控制的策略。这种理念的设计使得家庭能够就其状态以及与居民的交互作出决定。Asterios Leonidis 等描述了"智能客厅"这一智能环境，并介绍了为提高生活质量而开发的硬件和软件设施，形成多模态交互的智能生态系统。Luis Gomes 等介绍了一个用于测试家庭环境中一些基本智能行为的 IoH（家庭智能）平台，并在一栋真实建筑中对 IoH 平台进行了测试。IoH 的区域加热器控制、楼宇预警系统和楼宇入侵报警系统的结果证明了 IoH 结合多个第三方设备和系统具有实现情境感知解决方案的能力。

在智能家居领域的其他应用中，AmI 为家庭节能、智能个人助理等方面提供了高效的控制和使用方法。通过环境智能监控能源使用，家庭可以减少能源消耗，实现节能减排的目标。智能个人助理则成为家庭中不可或缺的一部分，为居民提供语音交互、信息查询、日程管理等服务。这些智能个人助理，如 Alexa、Siri 等，已经深入人们的日常生活中，未来的发展将更加注重其自主学习和从人际互动中学习的能力，实现更智能化的服务。

总体而言，智能家居作为 AmI 的典型应用领域，通过整合人工智能技术和物联网技术，不仅提升了家庭的安全性和舒适度，还在节能、个人助理等方面发挥了重要作用。未来的发展应关注用户需求、智能系统设计、大数据挑战等方面，以更好地发挥智能家居的潜力。

4.3 公共建筑空间中的环境智能

在智慧城市的发展背景下，公共建筑的智能化应用正在逐渐深化，尤其在建筑节能、设施管理等领域展现出广阔的前景。本节将探讨如何通过环境智能技术提高公共建筑的能源效率和管理效率。

4.3.1 建筑节能

建筑节能是通过采用各种技术和措施，减少建筑物能源消耗，提高能源利用效率，从而达到节约能源、减少环境污染和降低运营成本的目的。环境智能相关技术在建筑节能方面发挥着重要作用，不仅在居住建筑中应用广泛，也在公共建筑领域取得显著成果。

一些著名的节能建筑项目，如加拿大的圣玛丽医院和荷兰阿姆斯特丹的 EDGE 大楼，充分利用环境智能技术实现了显著的能源节约。圣玛丽医院通过传感网络监控能耗数据，并优化前后的节能效果，不断改进节能措施，使医院的耗能降到了加拿大全国医院平均水平的六成。EDGE 大楼则在大楼内安装了 2.8 万个传感器，用于捕获房间占用率、温度、湿度等数据，通过精准控制资源配置，实现了节省 70% 的用电量。

尽管绿色智能建筑在不断涌现，但需要认识到，传统建筑仍然是建筑碳排放增长的主要源头。因此，集成自动化的智能能源管理系统（Intelligent Energy Management Systems，IEMS）成为解决这一环境问题的有效方法。Stavros Mischos 等在对 IEMS 最新研究方法的综述中，将 IEMS 的构成组件分为传感器、执行器、处理引擎和用户界面 4 类。传感器和测量设备获取环境数据，处理引擎负责处理并优化这些数据，最终由执行器执行操作。用户界面则为用户提供能耗情况和能源消耗建议。两种主要的 IEMS 控制方法为直接控制和间接控制。直接控制方法无需人工干预，系统能够执行自动化的节能程序和操作，例如在检测到房间无人时关闭灯光或电器。直接控制的优势在于对老年人或残疾人更为友好，且具有计划和调度的能力。间接控制方法则通过培养用户环保习惯，使用户主动减少非必要的能耗。研究者指出，两种方法各有优势和缺点，直接控制系统容易受到网络攻击，而间接控制系统成本较低，更能激发用户的环保意识。

Claudio Tomazzoli 等提出了一种新的系统架构，利用物联网和机器学习技术，实现电器分布式子网的集中式能源效率提升。这种系统架构可在智能工业和智能家居中应用，能源经理可以轻松监控和优化分区设置，居民通过自主系统避免能源浪费，用户可参考建议作出决策。综上所述，AmI 在公共建筑中的应用，尤其在建筑节能领域，为实现可持续发展目标和降低碳排放提供了有效途径。通过整合先进的传感技术、智能能源管理系统和用户界面，公共建筑空间可以更加智能化、高效地利用能源，为城市的可持续发展作出积极贡献。

在评估建筑能源性能时，人员行为是不可忽视的关键因素。除了开发智能化的能源管理系统，通过对人的用能行为进行分类研究从而降低建筑能耗也是另一个可行的方向。下面给出了一个基于用能行为的办公空间能耗模拟与优化方法研究案例。

该研究以办公空间能耗模拟与优化为研究目标，旨在通过分析影响办公建筑能源使用效率的关键因素，构建合适的能耗分类模型将办公人员的活动时刻表转化为能耗状态时刻表，根据得到的能耗时刻表与办公空间布局优化结合，进而得到以用能模式的区域相似度最大化为目标的布局方案。通过能耗预测模型计算优化布局后的能耗预测值，与实际能耗值进行比较，从而分析办公空间布局优化的节能效果。

具体地，首先，为了探究建筑内相关人员行为对能耗的影响及确定影响人员用能行为的因素，研究者选用智能电表实时监测并保存照明和空调的能耗时间序列数据；选用工位能耗传感器，在保护办公人员隐私的同时可以判断人员的用能状态（图 4-8）。这些数据构成了创建人员行为分类模型的原始训练集。通过将能耗传感器数据集输入高斯混合模型进行人员的能耗状态分类。在此基础上搭建了实验环境，通过实验数据采集分析，结合超宽带（Ultra-Wide Band，UWB）室内定位技术确定人员位置的方法验证了该分类模型具有较好的分类精确性。在特定时间段内，每个办公人员都有一个能耗状态（高、中、低能耗，图 4-9），将具有相同能耗状态变化的办公人员分配到相邻区域，这样在实际办公环境中他们的能耗需求时间段相似，就可能利用能耗需求时间和空间规律进行精细化的节能控制。

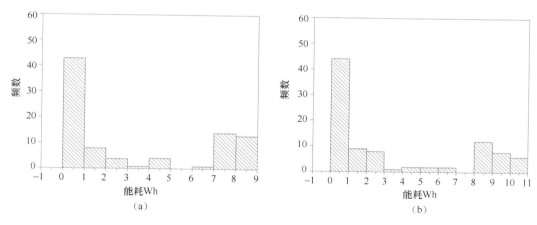

图 4-8　单个用户一天工位用电量分布图
（a）个体 X_1 一天工位的用电量分布图；（b）个体 X_2 一天工位的用电量分布图

通过对区域内所有人员的能耗状态变化规律进行分析，研究致力于通过办公空间的优化，使各个区域内人员的能耗状态规律尽可能趋于相似，为建筑节能提供新的途径。为此，研究引入了"区域相似度"的概念，将一个办公人员用能的能耗随时间变化构成的能耗状态时刻表定义为区域相似度，反映了其能耗状态变化规律。通过对区域相似度与建筑能耗进行相关性分析，结果显示相似度与建筑能耗存在一定的相关性。因此，通过调整人员区域位置，提高办公空间的区域相似度，可以降低位于同一办公区域内的员工对照明和空调等的需求时间，从而减少照明和暖通等系统的运行时间。

研究将办公空间优化的目标从能耗最小化转化为区域相似度最大化，提出了一个基于

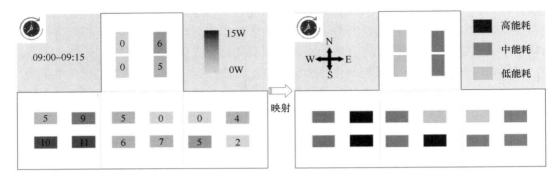

图 4-9　基于能耗数据进行能耗状态分类

数据驱动的办公空间优化模型，包括以下三个步骤：

（1）能耗状态预处理：利用建筑内各个工位的能耗数据，采用高斯混合模型进行能耗状态分类。通过对高维度的能耗状态分类矩阵进行奇异值分解降维，最终以低维度矩阵形式为办公空间优化提供聚类分析的数据集。

（2）办公空间布局优化：以区域相似度最大化为目标，进行初步聚类分析。基于"空间指派"模型和"选址模型"，分别进行办公人员的空间优化和功能空间的优化。

（3）总布局优化后能耗预测：以各个区域的总能耗为目标，构建能耗预测模型。利用该模型计算空间布局优化后的各办公区域总能耗，通过与实际能耗和优化后的预测能耗进行比较，评估布局优化的节能效果。

最后，以武汉某校园内一栋两层办公建筑为例，进行基于用能行为的办公空间能耗模拟与优化分析。通过收集 40 位人员 30 天内的工位能耗传感器数据，分析与优化，调整办公人员工位的所属空间，监测区域总能耗的实际值，得到日均能耗值。对比优化前能耗值、预测值和优化后实测值（图 4-10），结果显示监测的 4 个区域实测总能耗较之前分别

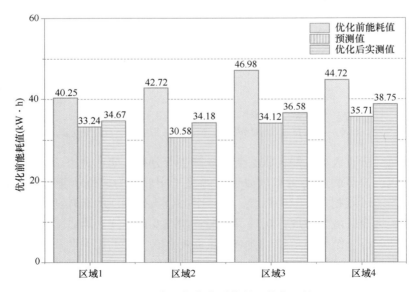

图 4-10　布局优化前后能耗日均值比较

减少了 13.86%、19.99%、22.14% 和 13.35%。

4.3.2 设施管理

设施管理已演变为更广泛的概念，不再局限于最初的建筑物实物资产管理。国际设施管理协会（IFMA）将其定义为"以保持业务空间高品质的生活和提高投资效益为目的，以最新的技术对人类有效的生活环境进行规划、整备和维护管理的工作"。设施管理的目标是引导资源，为核心业务活动提供正确的工作场所环境，实现物有所值。环境智能与设施管理的结合为先进办公空间和智能设施的开发提供了新的可能性。

办公空间作为公共建筑空间的重要组成部分，不仅是人们完成工作、研究、团队协作、创造和记录信息的场所和环境，而且在提供良好工作和商业环境方面起到至关重要的作用。因此，对办公环境中的空间利用进行优化显得尤为重要。环境智能技术与办公空间的融合为创造环境设施管理（Ambient Facility Management，AmFM）提供了新的可能。AmFM 利用分布在周围环境中的微型传感器记录人员的动作和行动，了解个体的偏好，从而预测其愿望并在需要时进行适应。此外，AmFM 还允许用户与环境进行交互，并根据用户的命令采取相应行动。

在智能办公空间的案例中，Robin 公司提供了一个有趣的例子。该公司总部位于波士顿，专注于为办公楼提供软件服务。通过使用 iBeacon 和 BLE（Bluetooth Low Energy，蓝牙低功耗）设备，Robin 公司实现了对会议室环境中附近人员和物品的检测。一旦用户走进房间，系统就能够自动为其预定会议室。此外，Robin 公司的另一产品有助于确定每个房间的设施和物品，并提供这些物品的可用性信息。员工只需在手机上下载 Robin 应用程序，软件层面即可正确识别他们的身份和信息。在硬件方面，只需使用信标，每个信标可以覆盖长达 30m 的区域。附带的仪表板提供了对整个办公室的概览和分析。随着新的联网设备被添加到工作场所，Robin 公司还能够定制控制这些设备，包括 Chromecast、智能恒温器和灯光等。

另一个案例来自于由 OVG Real Estate 开发的阿姆斯特丹 Zuidas 商业区的创新地标建筑的边缘办公空间。这个多租户办公楼占地 40000 平方米，采用领先的智能技术，通过使用智能平面图和环保材料提高员工的舒适度和工作效率。集成传感器布置在建筑内，能够捕获有关房间占用率、温度和湿度的数据。建筑业主可以利用这些数据来精确定位照明和其他资源（如加热/冷却和清洁）的交付，以最大限度地提高能源效率。在低占用率的区域，系统可以减少光照水平和清洁，从而节省时间、成本和能源。为了实现在边缘环境中的个性化，即使在开放空间中，个人手机端的应用程序（专为边缘使用）也能控制和调整照明和温度，进一步增强了个人舒适度。互联定位系统通过对员工定位数据进行隐私保护处理后，使员工能够实时查询在大楼内各个房间的可用性，并在复杂空间中轻松找到从一个地方到另一个地方的路。该系统还为建筑管理人员提供有关系统运营和活动的丰富实时和历史数据，这为他们提供了为员工创造卓越体验、最大限度地提高运营效率并减少建筑物二氧化碳排放所需的决策能力。系统的 6500 个连接灯具分布在 15 层楼，与在 IT 环境中运行的飞利浦远景照明管理软件共享有关状态和操作的数据。设施经理可以使用该软件来捕获、可视化和分析这些数据，以便跟踪能源消耗并简化维护操作。预计边缘的能源节省约为 100000 欧元，空间利用成本为 1.5 欧元。

照明设施作为公共建筑空间中的重要基础设施，在低成本超微型 LED、传感器和通信协议的广泛应用下，已经实现了互联网连接的普及。这使得将互联网连接嵌入每个照明设备和各种低功耗传感器成为可能，也使得对照明设备进行智能化管理成为商业应用的现实。举例来说，有公司在其灯具中嵌入了 ZigBee 技术，并将其作为一项服务进行销售。用户可以通过手机或平板使用 ZigBee 无线技术对灯光进行控制。还有公司专注于以太网供电（Power over Ethernet，PoE），通过使用标准以太网连接和 PoE 端口，支持网络的 PoE 设备可以实现对整个照明系统的楼宇自动化控制的即时访问，允许用户从嵌入式传感器和分析中进行设置、控制和获取实时数据流，为节能、空间利用和安全等提供了简单的仪表板。智能 PoE 照明系统通过优化光线和温度，创造出舒适和理想的工作环境，从而提高员工的生产力和福祉。

4.3.3 智慧展馆

大型展馆是城市公共建筑的重要组成部分，集会展、科技、文化、商务、休闲、旅游、居住等功能于一体，是城市对外的窗口，对其进行智能化改造是建设智慧城市的重要一环。在某大型展馆，为提升管理服务水平和解决交通导航问题，展馆启动了"智慧展馆"系统工程，将环境智能技术融入展馆运营中。

该项目的范围覆盖了大型展馆的 12 个展馆、2 个登录厅和 12 个停车场区。通过物联网、GIS 和蓝牙室内定位技术，构建智能交互环境，实现全方位联网和数据分析。项目的目标之一是提升管理服务的智能化水平。通过环境智能技术，该大型展馆能够实现对展馆运营的实时监测、数据分析和预测，从而更加高效地提供管理服务。另一个核心目标是解决展馆内的交通导航问题。通过部署环境感知技术，智能导航系统能够为参观者提供个性化的导航服务，满足不同场景和人群的导航需求，提供指引明确、信息完善、简洁高效的交通语言系统。

为实现这些目标，项目采用了物联网技术、GIS 和蓝牙室内定位技术。特别是在室内定位方面，选择了低功耗蓝牙技术的 iBeacon 定位设备。这些设备包括 Smart 型、Max 型和道钉式 iBeacon（图 4-11），灵活地部署在室内通道、地沟和室外，实现了高精度的人车导航。

图 4-11   三种 iBeacon 设备，从左到右分别为 Smart 型、Max 型、道钉式

为提高设备的巡检和维护效率，项目还开发了专用的蓝牙信标管理工具，包括巡检维护 APP 和 PC 端管理工具（图 4-12）。这些工具支持远程控制、参数配置、固件更新和故障检测，实现了对环境感知设备的智能化管理。

这一智慧展馆系统工程为展馆的智能化发展奠定了基础，为未来 5～10 年的发展提供了可持续支持。同时，通过满足展馆管理、导航和运营效益提升的多重需求，为展馆提供

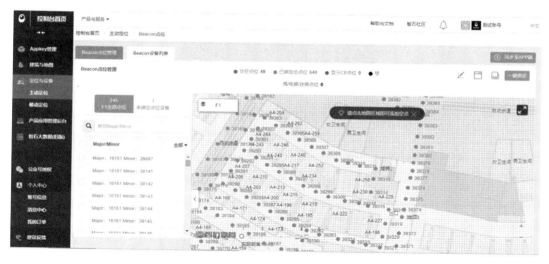

图 4-12　蓝牙定位设备 PC 端管理界面

了更加智能高效的服务。

　　在这个智能导航系统中，车位传感技术占据了重要的位置。通过综合分析视频车位传感技术、超声波车位传感技术、无线地磁车位传感技术，系统选择了视频车位传感技术。这项技术通过在停车位前方安装智能车位视频检测终端，实时处理视频信息，检测车位状态，自动识别车牌号码，传输车位占用状态给车位引导屏。这不仅可用于向车主发布引导指示，还将车牌号码及车位图像传输到数据服务器，应用于反向寻车。车位视频检测终端还配备了指示灯，通过红绿灯提示用户有无空余车位，帮助车主快速找到空位停车（图 4-13）。

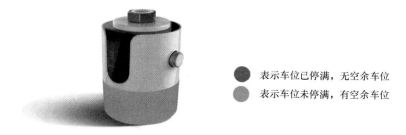

　　　　　　　　　　　　● 表示车位已停满，无空余车位

　　　　　　　　　　　　● 表示车位未停满，有空余车位

图 4-13　车位视频检测终端

　　系统的整体架构包括应用展现层、应用系统层、应用支撑层、企业数据层、网络通信层、主机存储层和设备终端层（图 4-14）。在设备终端层，包括定位信标、车位传感器和用户设备。网络通信层涵盖蓝牙和 4G/5G 网络，主机及存储层包括云服务器和物理服务器。企业数据层包含基础数据库和业务数据库。应用支撑层涵盖定位引擎、地图引擎和信标扫描引擎。应用系统层包括定位导航系统和后台管理系统，而应用展示层包括 Web 地图和 SDK。

　　通过这一系统，实现了跨楼层室内导航、室内外一体化导航、统计分析以及车行导航等功能（图 4-15）。例如，系统支持跨楼层的动态路径规划和连续导航，提供电梯、扶梯、

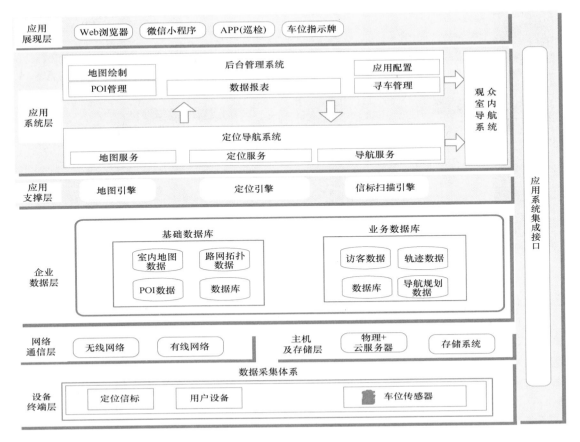

图 4-14　导航系统整体架构

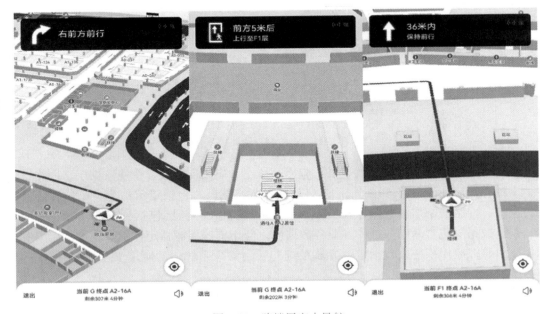

图 4-15　跨楼层室内导航

楼梯等方式的智能选择。同时，它可以实现由室外广域到室内区域的无缝切换一体化导航（图 4-16），并支持位置共享、偏离规划路线后自动重新规划等功能。通过对定位数据进行统计分析生成人员热力图，便于用户直观了解场馆内人员分析情况（图 4-17）。此外，车行导航功能通过视频车位检测终端实时展示空车位地图，支持空车位查询和智能推荐，同时提供反向寻车功能，使用户可以通过手机端查询车辆停放位置并进行导航（图 4-18）。整个系统基于环境智能的理念，为用户提供更智能、便捷的导航服务。

图 4-16　室内外一体化导航

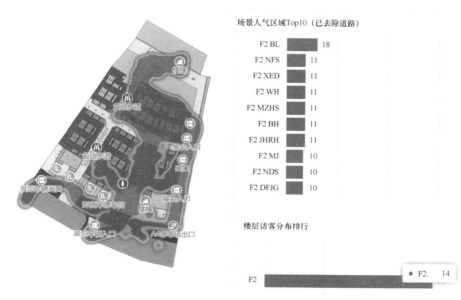

图 4-17　场馆人气区域访客热力图

图 4-18　空车位查询、推荐和导航

基于室内定位系统,可以获取用户的位置和行为数据、POI点位查询频率等信息,结合数据挖掘和分析,在前期能为管理决策提供数据支持,在后期可以应用于用户的行为指引。访客的位置数据还能作为展馆空间展位进一步优化的依据,提高布局的合理性和有效性。例如,通过记录坐标信息合成访客热力图,可以直观显示哪些展位更受欢迎,哪些展位可能需要加强宣传引导等;用户的搜索行为数据(比如热门搜索词)更为进一步的优化措施和商业投放提供了依据。

本章小结

本章介绍了建筑作为环境智能的理想载体在不同的建筑空间中的应用场景及各种应用案例。4.1节介绍了AmI在医疗建筑空间中的应用场景,包括健康监测、治疗和康复以及智能医院等。4.2节主要介绍AmI在居住建筑空间中的应用场景,包括异常监测、辅助生活和智能家居等,居住建筑空间是目前研究的热点问题,尤其在缓解人口老龄化等社会问题方面具有积极的意义。4.3节介绍了AmI在公共建筑空间中的应用场景,包括建筑节能和设施管理,并介绍了一个智慧展馆的应用案例。

思考题

1. 简述环境智能在不同建筑空间中的应用时可分别采用哪些技术?
2. 设想未来环境智能的发展。

思考题参考答案

知识图谱

建筑环境智能的
社会效益分析
- 环境可持续性和资源效益
- 建筑设计和资源分配的优化
- 促进产业创新和社会经济发展
- 日常生活中的便捷与高效

建筑环境智能
面临的挑战
- 技术标准的不统一
- 安全性和隐私性问题
- 用户接受度和隐私问题
- 技术创新与成本降低
- 利益相关方的合作
- 用户体验与便利性

建筑环境
智能的社会
影响分析

建筑环境智能
的安全性
- 数据安全
  - 先进的加密算法
  - 强大的身份验证机制
  - 系统漏洞扫描和修补
- 物联网设备安全
  - 先进的加密技术
  - 物理安全性
- 传感器网络安全性
  - 采用遏制攻击机制
  - 采用恶意无线传感器节点检测机制
- 整体系统安全性
  - 安全的系统架构设计
  - 持续监控和响应
  - 用户培训和意识提升

建筑环境智能
的隐私问题
- 合规性和透明度
- 数据脱敏和加密
- 用户数据的控制权
- 匿名化和聚合化处理
- 隐私保护技术的不断完善

建筑环境智能的社会影响分析

本章要点

知识点 1. 建筑环境智能的社会效益分析。

知识点 2. 建筑环境智能的安全性。

知识点 3. 建筑环境智能的隐私问题。

学习目标

1. 了解建筑环境智能的社会影响。

2. 熟悉建筑环境智能的安全性和隐私性。

5.1 建筑环境智能的社会影响

5.1.1 建筑环境智能的社会效益分析

建筑环境智能技术的广泛应用为社会带来了多方面的积极效益。首先，通过提高建筑能源利用效率，有助于减少资源浪费，从而降低对环境的不良影响，为可持续发展目标作出了贡献。其次，优化办公空间的利用率有助于改善城市规划和资源分配，提高城市整体效益。建筑环境智能技术的发展还促进了相关产业的创新，为社会经济的稳健发展注入新动力。此外，建筑环境智能系统在日常生活中的应用，比如在公共交通、商业空间等领域，也能够带来更便捷、高效的服务体验。通过推动科技进步，建筑环境智能为社会创造更加智能和舒适的生活环境，促进了社会整体的发展。社会效益的最大化将推动建筑环境智能技术更深入地融入人们的生活和工作。

1. 环境可持续性和资源效益

建筑环境智能技术的广泛应用为社会带来了显著的资源效益。首先，这些技术能够提高建筑能源利用效率，有助于减少能源浪费，降低环境不良影响。AmI 和物联网技术作为建筑环境智能的核心，通过发展环境可持续技术，改善能源效率和减少资源使用，促进环境可持续发展。物联网在智能能源、智能建筑、智能电网等领域的广泛应用，为降低温室气体排放和减缓气候变化作出了贡献。

ICT（信息通信技术）创新对环境可持续性方面发挥着重要的作用，在建筑环境智能方面，AmI 和物联网作为新的 ICT，对于优化能源使用效率至关重要。这些技术通过监测、建模和保护环境，减轻人类活动的负面影响，推动经济的绿色化和低碳转型。另外，建筑环境智能系统通过智能照明、智能空调等功能的精准控制，实现了能源的智能管理。例如，在有人的区域提供适度的照明、供暖或供冷，而在无人的时候自动关闭，有效减少不必要的能源浪费。此种精细化管理对于提高能源利用效率、减轻能源供需压力具有显著的积极影响。

2. 建筑设计和资源分配的优化

建筑环境智能技术在优化办公空间利用率方面发挥了关键作用，对建筑空间规划和资源分配产生了深远的影响。通过实时监测和分析建筑内部空间利用情况，系统可以为决策者提供宝贵的数据支持，帮助他们更科学地规划内部空间。

智能化的建筑环境系统可以根据实际需求调整空间布局，提高使用效率，优化资源配置。例如，在某些时段使用率较低的区域可以被重新规划为更有用途的场所，实现资源的最优配置。

3. 促进产业创新和社会经济发展

建筑环境智能技术的发展促进了相关产业的创新，为社会经济的稳健发展注入新动力。智能建筑技术的兴起推动了传统建筑产业的升级，催生了一系列与智能建筑相关的新兴产业，如智能建筑设备制造、智能化系统集成等。

这种产业链的延伸不仅为就业创造了新机会，同时也带动了科技研发的进步。智能传感技术、大数据分析、人工智能等领域得到了更广泛的应用，进一步推动了社会科技创新。这种创新链条的形成不仅促进了智能建筑产业的快速发展，还带动了相关产业的协同发展，为社会经济的发展注入了新的活力。

4. 日常生活中的便捷与高效

建筑环境智能系统在日常生活中的应用为社会带来更便捷、高效的服务体验。在公共交通、商业空间等领域，智能系统通过数据分析和实时反馈，提供了更加智能化的服务。如智能交通系统通过实时监测车流、优化信号灯控制、提供实时导航等功能，缓解交通拥堵问题，提高交通效率，为市民提供更加便捷的出行体验。针对商业空间，智能零售系统通过分析顾客行为、优化货架摆放等，提高购物体验，同时实现库存管理的精细化，降低库存成本。这些智能服务的引入不仅提高了社会生活的便利性，同时也节约了人们的时间和精力，使得日常活动更加高效。通过推动科技的进步，建筑环境智能系统为社会创造了更加智能化和舒适的生活环境。

总的来说，建筑环境智能技术通过提升能源效益、优化建筑空间、促进产业创新和提供更便捷服务，为社会带来了多方面的积极效益。这些效益不仅体现在经济层面，还有助于推动社会向更加智能、可持续的方向发展。社会效益的最大化将进一步推动建筑环境智能技术更深入地融入人们的生活和工作，创造出更加宜居宜业的城市环境。

5.1.2 建筑环境智能面临的挑战

尽管建筑环境智能技术前景广阔，但在其应用推广过程中也面临诸多挑战。首先，技术标准的不统一是一个亟待解决的问题，不同制造商和系统之间的互通性需要更高水平的标准化。其次，随着系统复杂性的提升，安全性和隐私性问题变得更加严峻，需要通过持续的技术改进和强化法律法规，加强数据保护，以保护用户的隐私和系统的安全。此外，推广建筑环境智能技术还需要克服用户对新技术的接受度和对隐私问题的担忧，这需要更多的宣传和教育工作。

在技术层面，系统需要更多的创新来提高智能设备的性能、降低成本，并提升整体系统的稳定性。在社会层面，相关利益方需要通力合作，共同推动建筑环境智能技术的健康发展。挑战是机遇的反面，通过克服这些挑战，建筑环境智能技术将更好地服务于人类社会的可持续发展。不断努力克服这些挑战，将推动建筑环境智能技术更加深入地融入人们的日常生活，为社会创造更多积极的效益。

1. 技术标准的不统一

建筑环境智能技术的不断创新导致了不同制造商和系统之间的技术标准不统一，这使得设备和系统之间的互通性受到威胁。解决这一挑战的关键在于建立更加统一和开放的技术标准，促进各个环节之间的合作与集成。政府、产业界和标准化组织应共同努力，制定更加开放、通用的技术标准，以促进不同制造商的设备和系统更好地协同工作，这将有助于推动技术创新和产业链的有序发展。

2. 安全性和隐私性问题

随着建筑环境智能系统的复杂性增加，安全性和隐私性问题变得更加突出。目前，人们总是面临在智能和隐私之间作出决定和权衡的问题，用户数据的泄漏可能导致严重后果，而系统的脆弱性可能被不法分子利用。

解决安全和隐私问题并非易事，尤其是在考虑城市环境中的公共空间时，由于它们之间的边界未定义，具有不同属性和权限的不同 AmI 环境可能会重叠，人们通常不知道被监控，也不知道收集了哪些关于他们的数据。因此，确保系统和用户数据的安全性成为至关重要的任务。首先，在 AmI 设计时，就应使用"隐私设计"和"默认隐私"的方法，秉持"以人为本"的理念。在选择 AmI 技术时，也需要采取严密的措施，例如：引入先进的加密算法，确保数据传输和存储的安全性；建立强大的身份验证机制，定期进行系统漏洞扫描和修补工作；通过技术手段和法规制度共同维护系统的安全性和用户的隐私权。

3. 用户接受度和隐私问题

推广建筑环境智能技术需要克服用户对新技术的接受度和对隐私问题的担忧。许多人可能对智能系统在其生活中所起的作用感到陌生和担忧，尤其是在涉及个人隐私的情况下。在用户接受度方面，Bibri, S. E. 提到允许社会接受 AmI 和物联网技术的必要特征之一是：它们应该长期与个人和社会可持续性保持一致。此外，由于建筑环境智能极大依靠各种新兴技术，因此对于不同的用户还存在数字鸿沟这一问题，它通常指用户在获取、了解和使用技术时存在差异，还涉及社会经济和人口因素，如收入、教育程度、年龄、性别、家庭构成等。例如，很多老年人由于之前所接受的教育对 ICT 技术了解得比较少，而且认知水平也在不断退化，他们在面对建筑环境智能时，会比年轻人存在更大的难以跨越的数字鸿沟。

为此，需要通过广泛的宣传和教育工作使人们能够跟上社会的发展并在其中生活和工作，政策制定者也需要更深入地了解数字鸿沟的原因，并采取措施解决这些问题，以提高用户对建筑环境智能技术的理解和接受度。同时，强调系统的隐私保护机制，明确数据使用目的，保障用户个人信息的安全。

4. 技术创新与成本降低

在技术层面，建筑环境智能技术需要更多的创新来提高智能设备的性能、降低成本，并提升整体系统的稳定性。高昂的技术投入和设备成本可能成为广泛应用的制约因素。政府、企业和科研机构应鼓励技术创新，提供资金和支持，降低新技术的研发成本。通过规模化生产和市场竞争，逐步降低智能设备的成本，使其更加普及。

5. 利益相关方的合作

在社会层面，建筑环境智能技术需要各利益相关方的通力合作。政府、企业、科研机构以及最终用户之间需要形成合力，共同推动建筑环境智能技术的健康发展。制定相应的政策法规，明确各方责任。建立产学研用相结合的创新体系，促进科研成果向实际应用转化。加强国际合作，推动全球建筑环境智能技术的共同发展。

6. 用户体验与便利性

建筑环境智能技术的用户体验和便利性直接关系到其推广和应用。智能系统应当简化用户操作，提供更便捷、直观的体验，而不应增加用户的操作负担。在系统设计中注重用户体验，采用直观友好的界面，减少不必要的操作步骤。通过用户反馈和测试不断优化系统，确保用户在使用过程中能够感受到真正的便利。

通过克服这些挑战，建筑环境智能技术将更好地服务于人类社会的可持续发展。在技术、社会和法规等多个层面共同努力下，这一技术将更好地融入人们的日常生活，为社会创造更多积极的效益。

5.2 建筑环境智能的安全性和隐私性

5.2.1 建筑环境智能的安全性

在建筑环境智能技术快速发展的背景下，确保系统和用户数据的安全性成为至关重要的任务。当谈到建筑环境智能的安全性时，需要从不同方面考虑，包括数据安全、物联网设备安全、传感器网络安全性以及整体系统的安全性。以下是对每个方面如何解决安全性问题的更详细解释。

1. 数据安全

在建筑环境智能的应用中，常常涉及无线传感器网络数据的远程传输（如远程健康监测数据）等，而这些数据存在被窃听、篡改等风险，需要采取各种防范技术予以应对，例如，数据注入是通过恶意或被入侵节点引入错误信息到网络中，采取的对应方法是识别恶意节点并将其从网络中移除。为保证建筑环境智能应用的数据的机密性、完整性和可用性，主要采取以下方法：

（1）先进的加密算法

在建筑环境智能系统中，采用先进的加密算法对数据进行加密是确保数据安全性的首要步骤。这包括使用对称和非对称加密算法，确保在数据传输和存储的过程中，即使数据被截获，也无法被轻易解读。AES（Advanced Encryption Standard）等加密算法可以提供足够的安全性，对于高度敏感的信息，可以考虑使用更复杂的非对称加密算法，如 RSA。

（2）强大的身份验证机制

建筑环境智能系统需要建立强大的身份验证机制，确保只有经过授权的用户可以访问系统。采用多因素身份验证（MFA）是一种有效的方式，例如结合密码、生物特征（指纹或面部识别）和硬件令牌等，提高身份验证的安全性。同时，定期更新和加强密码策略也是确保用户身份安全的重要步骤。

（3）系统漏洞扫描和修补

定期进行系统漏洞扫描是保持系统安全性的必要手段。使用安全漏洞扫描工具，及时发现系统中可能存在的弱点，并通过更新和修补来加固系统。这需要建立一个敏捷的响应机制，以便在发现潜在威胁时快速作出反应，确保系统不易受到攻击。

2. 物联网设备安全

随着物联网设备成为建筑环境智能中的重要组成部分，涉及隐私和信任的一系列问题都需要解决，包括数据保密性、身份验证、物联网网络内的访问控制、用户和设备之间的隐私和信任，以及安全和隐私政策的执行等。此外，大量互连设备的存在也引发了可扩展性问题，为此，可采取以下措施：

（1）先进的加密技术

物联网设备通常是建筑环境智能系统的节点，因此它们的安全性至关重要。在设计和制造阶段，引入先进的加密技术是确保设备之间通信安全的关键。使用设备专用的加密模块，确保数据传输不容易受到中间人攻击或恶意截获。

（2）物理安全性

物理安全性是防范未经授权的实体对设备的物理破坏的重要方面。在设计物联网设备时，需要考虑使用防水、防尘、抗冲击的外壳，以及采用可靠的固件和硬件防护措施。此外，设备的安装位置也应考虑难以被非法接触的位置，以降低物理攻击的风险。

3. 传感器网络安全性

在建筑环境智能中，智能传感器网络的安全性也是一个需要关注的重要问题，需要从多个方向进行处理。主要包括传感器节点的安全、信息传输的安全和信息路径的安全。由于无线传感器网络的固有限制，如实施的偏远性、处理能力的限制、网络的不稳定性和能源供应的短缺，实施安全性是一项具有挑战性的任务。大型无线传感器网络中的节点具有低成本、小尺寸和资源限制等特点。由于这些限制，无法使用传统的安全机制和算法。因此，在无线传感器网络中使用传统的安全算法和机制时，必须对其进行优化以适应需求、限制和部署环境。

（1）采用遏制攻击机制

无线传感器网络中的通信可靠性较有线网络低，容易受到环境条件的影响。由于无连接通信协议的开销较小，常用于无线传感器网络中。然而，这种协议的可靠性较低，容易受到攻击，如汇聚攻击、拒绝服务攻击等，为了应对高错误率和无连接协议的需求，需要额外的错误检测和纠正机制，进一步减少安全实施的可用空间。无线传感器网络中的另一问题是来源到目的地的大延迟，较高的延迟是低带宽连接、网络拥塞、多跳通信和中间节点处理的结果，较高的延迟导致同步丢失，而同步对于许多安全实施非常重要，例如分发加密密钥、关键事件报告等，其中时间戳和及时交付在遏制这些攻击中起重要作用。

（2）采用恶意无线传感器节点检测机制

无线传感器节点安装在户外，很难保护它们免受恶意攻击者的物理损害。密集安装节点可以减少盗窃或物理破坏的影响。当节点被篡改时，需要检测、识别并将其与网络隔离。为应对这些问题，可采用恶意节点检测机制，例如通过监测邻居节点中转的消息来检测恶意节点、看门狗机制等。

4. 整体系统安全性

（1）安全的系统架构设计

整体系统的安全性与系统架构的设计密切相关。采用安全性高的系统架构，包括合适的网络隔离和权限管理，有助于降低系统受到网络攻击的概率。采用零信任（Zero Trust）的理念，即不信任系统内外的任何元素，也是一种有效的安全策略。

（2）持续监控和响应

建立持续监控机制，实时检测系统中的异常行为。采用入侵检测系统（IDS）和入侵防御系统（IPS）等工具，及时发现并应对潜在的威胁。建立响应机制，包括应急演练、紧急补丁发布等，以便在发生安全事件时能够快速、有效地应对。

（3）用户培训和意识提升

系统的安全性不仅依赖于技术手段，用户的安全意识和培训同样至关重要。为系统用户提供定期的安全培训，教育他们有关密码安全、社会工程学攻击防范等方面的知识，有助于降低社会工程攻击的成功率。

通过采取上述安全性措施，建筑环境智能系统可以更好地保护用户隐私、确保数据安全，为其可持续发展提供坚实的安全基础。这些措施需要综合考虑技术、物理和人的因素，形成一体化的安全防护体系。在不断演变的威胁环境中，建筑环境智能系统的安全性需要持续优化和加强。

5.2.2　建筑环境智能的隐私问题

随着建筑环境智能技术的广泛应用，隐私保护成为亟待解决的问题。AmI 和物联网在医疗领域中最令用户担忧的问题是安全攻击和隐私威胁。迄今为止，提出的隐私增强机制和安全措施仍然不足以解决这个难题。在 AmI 和物联网中，监测活动的空间范围和时间覆盖范围将显著增加。在 AmI 和物联网的世界中，人类的健康参数将被可穿戴的主动和被动射频识别技术和其他专用传感器持续监测和控制，以检测正常参数的变化和异常，这些信息不仅仅传输给医生和医疗中心，还会传输给其他各方、机构和个人，而不需要患者或用户的同意。

因此，系统在数据采集和处理中必须严格遵循隐私规定。首先，系统需要明确规定数据使用目的，确保用户个人信息仅在合法的范围内使用。采用脱敏和加密等手段来保障用户个人信息的安全，防范数据泄露风险。用户在系统中的个人数据应得到充分的保护，他们也应该拥有对自己数据的控制权，包括了解数据如何被使用和设置数据共享的权限。

通过这样的隐私保护机制，建筑环境智能系统能够在尊重用户权益的同时，建立起用户对系统的信任感，推动技术的进一步应用。隐私意识的提升和隐私保护技术的不断完善将共同助推建筑环境智能技术迈向更加健康和可持续的发展。

1. 合规性和透明度

在建筑环境智能领域，确保系统合规性和透明度显得尤为重要。建筑智能系统设计者需要首先遵循国家和地区的相关隐私法规和标准，确保系统的运作不违反法律规定。此外，建筑环境智能系统应当建立用户授权机制，用户对于个人信息的收集和使用有明确的了解和选择权。

透过可视化界面，建筑环境智能系统可以向用户展示实时的数据处理情况，包括哪些数据被收集、如何被使用，以及用户可随时管理的隐私设置。这种透明度不仅有助于提升用户对系统的信任感，也符合隐私保护法规对于透明度的要求。

为确保合规性，建筑环境智能系统设计者还应与隐私专业律师和专业组织保持密切合作，及时了解和适应不断变化的法规环境，确保系统在合法合规的前提下运行。

2. 数据脱敏和加密

数据脱敏是通过对敏感信息进行处理，使其不再能够直接或间接识别个人身份。在建筑智能系统中，用户的隐私信息可能涉及居住、工作等方面。因此，采用先进的数据脱敏技术是确保用户隐私安全的关键。例如，对于室内定位数据，可以进行用户身份模糊化处理，以保障用户位置信息的隐私性。

同时，建筑环境智能系统应当采用高级的加密算法，确保建筑设备之间的通信安全，包括对数据传输和存储两个环节进行加密处理。这对于像智能门锁、监控摄像头等设备的数据传输尤为重要，以免被不法分子窃取或篡改。这样即使数据被非法获取，也难以解读。采用端到端的加密技术，确保只有授权用户能够解密和访问特定数据。

（1）数据脱敏算法

数据脱敏是一种通过对敏感信息进行变换或替换，以降低其敏感程度的方法。在建筑环境智能系统中，主要采用以下的数据脱敏算法：

1）替换算法：将原始数据中的敏感信息替换成虚构的或通用的数值。例如，用户的具体位置信息可以被替换为建筑内某个区域的代号，确保数据的功能性不受影响的同时保护用户隐私。

2）扰动算法：对数据进行随机性的扰动，添加噪声以混淆真实数值。对于能耗数据，可以引入一定的随机扰动，使得具体数值难以被还原，同时在整体上保持数据的统计特性。

3）混淆算法：将数据按照一定规则混淆，使得原始数据与脱敏后数据之间的关系变得复杂。这有助于在数据分析过程中防止对用户身份的推断。

（2）加密算法

在建筑环境智能系统中，加密算法主要用于保护数据的传输和存储安全。以下是一些常用的加密算法：

1）对称加密算法：使用相同的密钥进行加密和解密。在设备之间进行通信时，可以使用对称加密算法来保障数据传输的机密性。常见的对称加密算法包括 AES（高级加密标准）。

2）非对称加密算法：使用一对密钥，公钥用于加密，私钥用于解密。非对称加密常用于用户身份验证和建立安全通信通道。常见的非对称加密算法包括 RSA 和 ECC（椭圆曲线加密）。

3）哈希算法：用于生成数据的哈希值，是不可逆的过程。在存储密码等敏感信息时，可以使用哈希算法，确保即使数据库泄露，攻击者也难以还原出原始密码。

3. 用户数据的控制权

在建筑环境智能中，用户的数据可能涉及家庭成员、生活习惯等私人信息。系统设计者可以通过提供个性化的隐私设置，让用户有选择地分享他们的信息。系统可以设立明确的权限管理机制，让用户能够决定哪些数据可以被收集，哪些数据可以被使用，以及是否同意数据共享。例如，用户可以指定哪些数据用于智能温控、照明系统，而哪些数据则不被使用。

建筑环境智能系统还可以为用户提供定制的通知和警报设置，确保用户在隐私信息被使用时能够及时获知，增加用户对系统的控制感。

（1）个性化隐私设置

建筑环境智能系统可以提供个性化的隐私设置，使用户能够灵活控制其个人信息的共享和使用。一些关键的隐私设置包括：

1）位置共享设置：允许用户选择是否分享其精确位置信息，或者仅共享模糊化后的位置信息。

2）设备访问权限：用户可以明确授权哪些设备有权访问其个人信息，以及访问的具体内容。

3）通知和警报设置：用户可以设定接收哪些类型的通知和警报，确保在关键事件发生时能够及时获知。

4）设置知情权：根据风险的大小，提供服务方需采取的不同的同意措施，包括豁免、告知或完全同意。一些项目可能属于低风险，只需告知参与者即可；而其他项目可能涉及更大的隐私风险，需要征得更高的知情同意权限。

（2）定制通知和警报机制

建筑环境智能系统应当具备灵活的通知和警报机制，确保用户在数据被使用时能够即时得知。这可以通过以下手段实现：

1）实时推送通知：当有人进入用户私人区域或设备被激活时，系统可以通过 APP 推送实时通知给用户。

2）可定制的警报设置：用户可以设定触发警报的条件，例如在特定时间段内有设备活动或者异常数据访问等。

4. 匿名化和聚合化处理

在数据处理过程中，系统可以采用匿名化和聚合化的方法，以最大限度地减少对用户个体的可识别性。匿名化处理时，可以对个体信息进行脱敏，例如使用哈希函数对用户标识进行处理，使其不易被还原。这种技术可以在智能安保系统中应用，如访客身份识别。通过对访客信息进行脱敏，系统能够保护他们的隐私，同时保障建筑的安全。

聚合化处理则是将大量的数据进行统一的汇总和处理，从而在保留数据的总体特征的同时，减少对个体的影响。这种方式可以降低个体数据被滥用的风险，保护用户的隐私。在建筑环境智能系统中，采用匿名化和聚合化处理方式可以有效降低对个体用户的影响。例如，对于照明和温控系统的使用数据，可以将其聚合处理为整体能耗情况，而不对个别用户进行详细追踪。

（1）匿名化处理算法

在建筑环境智能系统中，匿名化处理可以通过以下算法实现：

1）一致性哈希算法：通过哈希将个体用户映射到一个虚拟的标识，确保相似的数据被映射到相似的标识，但不易还原出个体身份。

2）分组扰动算法：将数据分组后进行扰动，再进行聚合处理。这有助于在不牺牲整体统计信息的前提下，保护个体用户的隐私。

（2）聚合化处理技术

聚合化处理技术用于将多个个体的数据合并为一个整体，从而保护个体隐私。以下是一些常用的聚合化处理技术：

1）差分隐私：通过在数据中引入噪声，使得具体个体的贡献难以被准确测定。这有助于在提供整体数据统计信息的同时，保护个体的隐私。

2）脱敏聚合：在对数据进行聚合之前，对数据进行脱敏处理，降低数据中个体身份的识别可能性。

5. 隐私保护技术的不断完善

隐私是建筑环境智能应用时的一个关键问题，隐私考虑的不仅是数据保护，还需要与其他利益和价值进行平衡。跨学科合作将有助于识别和解决潜在的伦理问题，设计环境智能系统时，早期的合作和参与对于最大限度地减少潜在的危害是至关重要的。

建筑环境智能系统需要紧密关注隐私保护技术的最新进展，并根据实际应用场景不断优化系统。例如，通过引入先进的人工智能算法，智能监控系统可以在不暴露个体身份的情况下，提供更精准的异常检测服务。此外，与建筑行业相关的隐私专业组织和权威机构的合作也是至关重要的。通过与专业机构共同研究、分享隐私保护的最佳实践，建筑环境智能系统可以更好地适应行业发展，并为用户提供更加安全可靠的智能化体验。

本章小结

　　本章主要讨论建筑环境智能的社会影响及其面临的安全和隐私问题。5.1 节对建筑环境智能的社会效益进行系统分析，包括环境可持续性和资源效益、城市规划和资源分配的优化、促进产业创新和社会经济发展三个方面，分析了其在发展过程中面临的挑战包括技术标准的不统一、安全性和隐私性问题、用户接受度和隐私问题、技术创新与成本降低、利益相关方的合作和用户体验与便利性等问题。5.2 节对建筑环境智能的安全性和隐私性进行了系统的阐述，从数据安全、物联网设备安全、传感器网络安全性、整体系统安全方面对安全性进行分析，在隐私保护机制方面，从合规性和透明度、数据脱敏和加密、用户数据的控制权、匿名化和聚合化处理、隐私保护技术的不断完善方面对隐私性进行了分析。

思 考 题

1. 简述建筑环境智能的社会效益。
2. 简述从哪些方面可以改善建筑环境智能的安全性和隐私性。

思考题参考答案

知识图谱

建筑环境
智能实例
　　居住建筑环境智能实例　　智慧社区类环境智能
　　　　　　　　　　　　　　适老型住宅类环境智能
　　公共建筑环境智能实例　　医疗建筑环境智能实例
　　　　　　　　　　　　　　办公建筑环境智能实例

本章要点

知识点1. 智慧社区类环境智能实例。

知识点2. 适老化住宅类环境智能实例。

知识点3. 医疗建筑环境智能实例。

知识点4. 办公建筑环境智能实例。

学习目标

1. 了解居住建筑环境智能实例。

2. 了解公共建筑环境智能实例。

3. 熟悉各案例中使用的技术及实现的功能。

6

建筑环境智能实例

6.1　居住建筑环境智能实例

得益于以物联网、大数据、云计算、人工智能为代表的新一代信息技术的普及，大量建筑环境智能技术在居住建筑中得到实际应用。这些建筑通常具备对与居民生活密切相关信息进行互联互通、自动感知、实时分析、自主控制的能力，是如同智能手机、智能汽车一般的智能终端，不仅使居住建筑的热湿环境、光环境、声环境、水环境、空气品质环境、电环境等变得更加可感知、可控制、可交互，也将智能技术与满足人性化体验相结合，使居住建筑更好地反映出"以人为本"的理念。

6.1.1　智慧社区类环境智能

智慧社区是指利用物联网、大数据、云计算、人工智能等新一代信息技术，以社区的智慧化、绿色化、人文化为导向，融合社区里的人、地、物、情、事、组织等多种要素，统筹公共管理、公共服务和商业服务等多样资源的新型社区。智慧社区的智能化系统致力于为居民提供舒适便捷、安全环保、易于交往互助的居住环境，打造面向未来的具有社会、经济、资源可持续特征的城市人居模式，其开发和应用的侧重点主要通过社区公共空间、居住方式、室内居住空间中的智能居住服务体现。目前，从国家到地方各级政府纷纷推出智慧城市建设计划，以建设智慧社区为核心，推动城市数字化转型。伴随新一代信息技术的应用，智慧社区在社区公共服务、社交互动等全方位多领域，不断实现创新，通过建设智慧医疗、智慧教育、智慧环保等系统，优化社区公共服务的提供方式和质量，构建以人为核心，开放、共享、健康的多元社区，作为智慧社会、智慧城市基石的智慧社区开始步入新的发展阶段。

1. 智能服务一体化的社区公共配套设施

社区智能服务一体化应用通过数据提取社区居民生活需求，以需求构建商家协作网络，配置满足日常生活所需服务功能，建设全方位圈层式服务的邻里中心。

杭州钱塘新区云帆社区是浙江省第一批未来社区试点项目，属于三个规划新建的智慧社区项目之一。依托集成了物联网、大数据、云计算、5G通信等技术的社区智能平台，云帆社区将汇集整合包括出行、节能、教育、医疗在内的各类数据，促成社区公共空间中多种服务的一体化。在智能化出行方面（图6-1），社区打造智能泊车系统和智能交通系统，通过手机提供车位管理、停车引导、在线寻车、自动结算等功能；采用无人驾驶电动通勤车，通过手机预约可准确完成接送服务，运用共享停车方式实现对停车空间的综合利用。在智能化节能方面，社区采用"热泵＋蓄冷储热"技术，建立集中加热和冷却系统；采用智能检测技术进行垃圾分类，降低污染并提高资源利用率；配备智能化雨水收集系统，监测并调节雨水的收集与再利用过程。

云帆社区围绕社区多样化的生活服务需求，将智慧服务与社区公共空间虚实交融，形成人性化、个性化的社区公共活动体验，基于线下便捷管理和线上数字平台，实现社区管理，增强社区归属感与参与感，在互动的基础上使人们真正成为社区的主人。

2. 共享化社群化的居住方式

社区是居民日常生活的主要场所，社区邻里间如果缺乏良好的沟通，将难以形成广泛

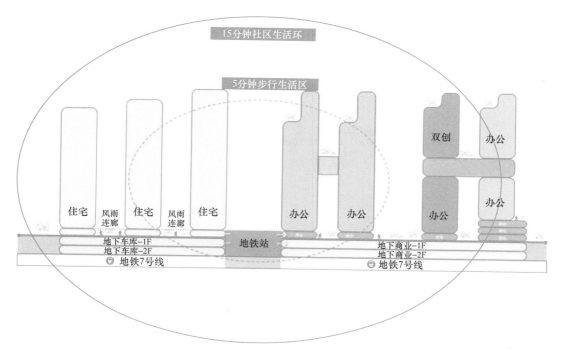

图 6-1 云帆社区智能化出行场景示意

（图片来源：陈铭，侯亚杰．未来社区——社区建设与治理模式的创新［J］．城市建筑，2022，19（12）：1-4）

的社会凝聚力和影响力。利用网络平台创建虚拟交流空间，智能联动建筑空间实现包容性设计，能促使更多社会群体、社区居民平等地参与社区建设以及社区情景的互动、分享之中。

荷兰 Superlofts 共享社区以灵活高效的结构体系，结合物联网等信息技术以及传感器、照明控制等智能基础设施的应用，致力于通过共享化、社群化的居住方式缓解城市建筑物空置率过高的问题。社区中的住宅建筑群引入了一个宽和高在 3～6m 的模块框架，可作为基本模块灵活嵌入住宅中，在使用功能、空间布局上赋予居住者个性化和自由度（图 6-2），可设置如迷你办公空间、豪华套房、Loft 空间等各种型号的建筑空间。住宅建筑群的立面采用配置了二氧化碳传感器的智能铝板，有利于调节室内通风；遮阳构件、排

图 6-2 具备灵活性的居住空间（模型示意）

水设施、隐私屏风设备、大阳台被集成到一个适应性良好的模块化单元中（图 6-3），有利于组织户外阳台空间；结合被动式节能技术设计的全玻璃立面引入了更多自然光和冬日暖阳，有利于居住者的身心健康。

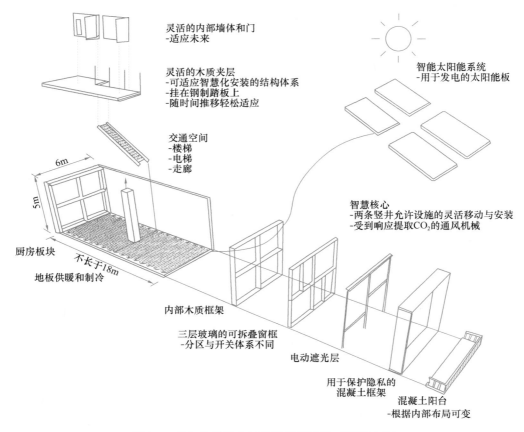

图 6-3　模块化单元中的智能设施配置（模型示意）

　　Superlofts 共享社区将新一代信息技术、灵活的空间组织、多样的社区生活方式有机地融合在一起，不仅为居住者提供了更加舒适自如的空间体验，也使居住建筑环境智能和城市活力、宜居性紧密相连。

　　3. 舒适安全的室内居住空间

　　数字化环境智能设施加强了社区居民和居住空间的互动体验，有助于满足不同身份社区居民的需求，即使是残障、老年等社会群体也可以轻松自如地与环境互动。

　　东京 OVULE 住宅位于密集社区里，注重通过小空间体现生活的丰富性与充实感。住宅采用物联网、红外线、无线网络、蓝牙等信息技术，借助多种家庭智能控制设备，实现对设备、设施的智能控制。利用这些技术，居住者可将智能音响、智能家电等智能设备和本人语音互联，不仅能随时随地用语音唤醒影音、娱乐设备，还能让燃气、暖气每天自动开启至所需的温度；可对住宅进行远程室内操控，包括开闭窗帘、开关照明按钮；可将恒温设备接入物联网络，感知室内温度，实现空调的自动开启以及门、窗、百叶的自动调节（图 6-4）。

OVULE 住宅包含信息技术与人居行为的良性互动，创造出信息技术支撑下的便捷精致的生活空间和温馨舒适的生活氛围，实践了科技以人为本、技术为人提供服务的愿景。

图 6-4　立面上可根据温度自动调节闭合的百叶（模型示意）

4. 多场景技术综合应用实例

多场景技术综合应用融合了物联网、云计算、大数据和人工智能等前沿科技，它以"智慧社区＋技术支撑＋社区服务"为整体思路，以"1＋1＋n"为综合构架，即一个综合系统平台（和用户交互接口）＋一个数据中心系统（管理数据）＋多个功能子系统（数据采集），围绕社区多元化、多层级、多人群目标服务场景，借助各个应用系统的智能化设备采集获取数据，为社区内居民提供多种智能化、个性化服务。

新加坡裕华组屋社区（Yuhua Estate）为老旧社区改造工程，政府将能源管理、水资源管理、废物管理、后端服务等特色引入社区（图 6-5），开展智能化试点。智慧社区平台主要包括存储和处理社区需求数据的后台，集成社区业务资源、组件和接口的中台，面向社区居民提供"一站式"服务的前台。平台围绕数据管理，整合共享驱动社区服务业务流程的改革，促成管理部门、社区、物业、社会组织等多元主体更好地为社区提供服务。能源管理方面，社区主要采用电梯能源再生系统（图 6-6）、太阳能光电板系统（图 6-6），在实现电梯、照明等设备节能的同时，又使设备持续获得来自可再生能源的供电。水资源管理方面，社区采用基于薄膜技术的雨水收集系统，可有效减少清洗垃圾槽、廊道的用水，节水量每年可达 850m³。废物管理方面，社区采用气动式废物传输系统，通过自动化的垃圾收集装置将居住者的生活垃圾直接传输到垃圾收集中心，具有减少人力消耗、减少虫害、提升居住环境质量的优势。社区前台以居民参与为辅，实现面向需求端统一提供政务、物业、养老、卫生等"一站式"智慧服务，涵盖老年人监测系统、家庭能源管理系统、家庭用水管理系统。老年人监测系统是前台核心系统之一，其主要功能包括：利用传感器探测分析老年人的室内外活动规律；监测老年人社区生活的健康和安全；出

图 6-5　裕华组屋社区的智能化系统分布示意图

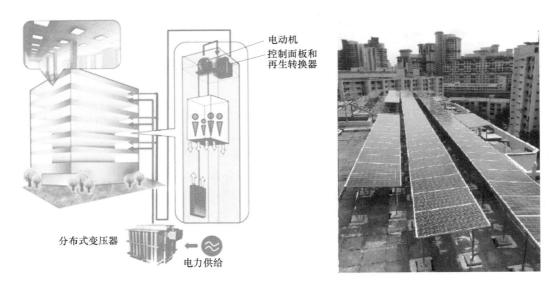

图 6-6　电梯能源再生系统运行原理示意（左图）和太阳能光电板系统（右图）

现异常和紧急情况时向家人、社区管理者发出警报，确保老年人及时获得救助。

　　裕华组屋社区有效整合了各类先进的信息技术、智能管理系统、智能监测系统，提出一种智慧社区综合系统的解决方案，包含多层级的应用系统建设、数据中心建设、多场景的社区服务功能建设。通过该综合系统实时、准确、详细地获取社区内设施、设备及居民的主要数据信息，并统计异常数据信息，促成社区内外、建筑内外、居室内外多场景服务的一体化集成，不仅通过科技实现了在社区公共管理、社区公共服务、居住者需求等方面的赋能，还打造出节能环保、便捷安全、舒适健康、互助友好的住区环境，以及充满人文关怀与温情的住区生活氛围。

6.1.2　适老型住宅类环境智能

适老型住宅是指为自理、介助、介护老年人设计或改造，适应老年人生命周期的起居行为与生活方式，符合老年人生理、心理及服务需求，供其起居生活使用的居住建筑。其环境智能注重通过应用多种信息技术，形成对居住环境、人行为等的感知、传输、记忆、推理、判断和决策的智慧能力。针对老年人体弱、多病等特点，适老型住宅的智能化系统致力于构建居家安全防护、异常行为监测、健康监测、健康管理、远程诊疗等功能，为老年人打造安全、便利、照护、医疗和健康生活方式的智能化居住环境，其开发和应用的侧重点主要通过居住空间中的智能医疗服务、智能照护服务体现。

1. 集成智能医疗服务的居住空间

日本千叶县柏市丰四季台社区是一个在旧社区的基础上改造的适应老年人居住的综合性社区，拥有照护、医疗、急救等多种适老功能。社区的居民六千多人，15%左右的居民生活无法自理。社区建立了在宅医疗系统，通过与在宅医疗委员会、地域互助委员会、住宅建设委员会三个部门的协作，推进居家医疗。信息共享系统的构筑是推进居家医疗的重要措施之一。在检验机构的监督管理下，由信息中心向与医疗和介护相关的机构传输信息（图 6-7），以确保机构提供准确的指导和支持服务，如核实病人处方、了解终末期患者健康状况、确保医院可接受入住床位等医疗服务，以及及时向医生反映患者生活状况，提供上门助浴、日间照料、康复训练等护理服务。

丰四季台社区摒弃设立大型医疗机构的做法，利用智能技术，通过信息管理构建起与社区紧密相连的医疗服务网络，并依托设立的上门照护站，强化居家医疗的上门服务功能。其切实关心老年人的一系列举措，为科技与适老的结合带来了具有应用价值的场景和方向。

2. 集成智能照护服务的居住空间

杭州富阳百合社区入选国家发展和改革委员会"第一批运用智能技术服务老年人示范案例"。社区配备了一套智能化安全守护系统（图 6-8），系统运用非接触感知技术，为空巢老年人的独居生活提供了全面保障。如果老年人发生意外，系统会自动接警，并以短信、电话、程序内告警等形式，第一时间向老年人的监护人发送消息。如果监护人未在规定时间内作出响应，系统会自动通知第二层级响应人员，让他们及时上门探访和救援。在前两个层级人员均未响应的情况下，系统会自动通知第三层级响应人员。三个层级从接警到响应不超过 10 分钟。系统最大的亮点在于无需接触独居老年人、不破坏其生活习惯、不安装画面监控设备，便可第一时间监测老年人的意外情况并报警。系统还能自动整理分析接收的大数据信息，为每位老年人创建数字画像，并根据每位老年人的实际情况量身定制安防感应场景。

百合社区将智能照护服务与空巢老人安全守护相结合，是数字化改革在养老领域的一次有益尝试，体现了养老模式从粗放式、简单式向精细化的转变，对全国运用智能技术，为老年人构建"生命救援防线"具有借鉴意义。

3. 多场景技术综合应用实例

日本藤泽智慧社区集成了多种健康智能家居产品，依托健康管理数据链为老年人提供诸如体脂、尿液、血氧、心电、心率等检测服务。相关监测数据可与健康一体机实现智能

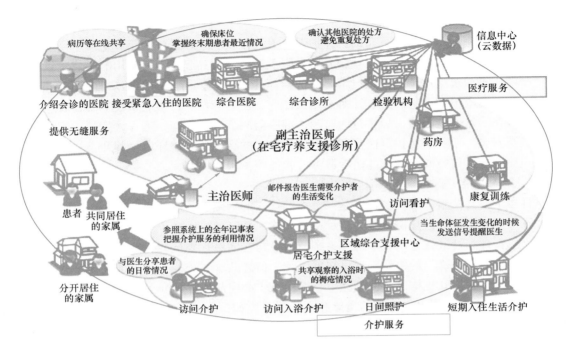

图 6-7　丰四季台社区面向医疗服务建立的信息共享系统

（图片来源：戴靓华，周典，何静，等．基于地域综合照护的社区适老化研究——以日本柏市
丰四季台为例［J］．建筑学报，2018，（S1）：45-49）

图 6-8　智能化安全守护系统构筑的安全感知网

物联，并在手机上显示。面向出院老年人，社区建立了"本地综合护理系统"，能无缝提供医疗、护理、养老等服务，满足老年人治疗康复保健的全站式服务需求。其适老化路线可归纳为：合理而深度地运用物联网技术，有效整合智慧社区、智能家居、线下医护等资源（图 6-9）。

社区从感知层、网络层、应用层三个方面建构智慧养老体系。感知层：通过传感设备

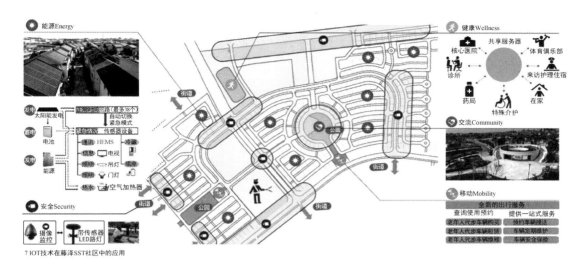

7 IOT技术在藤泽SST社区中的应用

图 6-9　物联网技术在藤泽智慧社区中的应用

（图片来源：陈玉婷，梅洪元 . 基于 IOT 技术的智慧养老建筑体系研究——以日本为例［J］.
建筑学报，2020(S2)：50-56）

采集、筛选及聚合老年人的生理数据，包括监测体温、血压，识别运动轨迹，判断抑郁情
绪等，为老年人构建详实的健康档案。网络层：建立一个集智能能源、无障碍出行、社区
安全智慧诊所、便利联系于一体的社区网络，包括引入安全机器人作为老年人的出行向
导，并承担部分巡视任务。应用层：通过智能家居、智能环境、智能安防和智能照护等系
统，全方位提升老年人的生活质量，包括根据老年人的生物节律调整照明色彩和照明强
度，白天确保宁静氛围并防止眩光，夜晚提供柔和光线助力优质睡眠。

　　藤泽智慧社区是一个集智慧化、舒适性、便利性、可持续性于一体的适老型社区，反
映了智能医疗服务、智能照护服务在居住空间中的前沿应用进展。社区尊重居住者需求、
注重细节的做法，对我国适老型住宅建设及其环境智能的搭建都具有一定借鉴意义。

6.2　公共建筑环境智能实例

　　物联网、大数据、云计算、人工智能在内的新一代信息技术也广泛应用于公共建筑
中。这些技术为公共建筑拥有聪明的"大脑"、灵敏的"神经系统"提供支撑，促成了不
少具有高度智能化水平的公共建筑环境智能实际案例。

　　这些实例通常不是各种新兴技术在建筑物上的简单堆砌和连接，而是将建筑、环境、
人视为一个系统的有机的整体，通过运用新一代信息技术，实现对公共建筑环境的响应和
调控，具备一定程度的自主感知、自主判断、自主学习、自主分析和自主决策的能力，能
够为使用者提供精准化、个性化、人性化的服务，更贴切地适应并满足人们对工作和生活
环境中建筑物安全、舒适、高效、便利及可持续发展等功能的需求。

　　目前，公共建筑环境智能较为典型的实例主要集中于医疗建筑和办公建筑两种类型。
两种类型的建筑智能化系统通常都由信息设施系统、信息化应用系统、智能化集成系统、
建筑设备管理系统、公共安全系统、机房工程 6 部分组成。由于建筑功能、使用对象、使

用对象需求等的不同，两种类型的建筑智能化系统其开发和应用的侧重点存在差异。

6.2.1 医疗建筑环境智能实例

医疗建筑是指为人的健康进行的医疗活动或帮助人恢复保持身体机能而提供的建筑场所，包括医院、诊所、疗养院等。其环境智能面向患者、医护、管理者的需求，具备对使用者及建筑物相关信息进行感知、传输、推理和决策的智慧能力。医疗建筑的智能化系统致力于一体化集成智慧医疗、智慧服务、智慧管理三方面功能，为相关人员提供便捷、高效、安全、节能、健康、舒适的医疗环境和康复环境，其开发和应用的侧重点主要通过就诊体验、诊疗环境、智慧病房中的智能服务体现。

1. 互联便捷的就诊体验

日本真心香里园养老院利用多种信息技术、智能设备实现对老年人的照顾和诊疗（图 6-10）。起居室、卫生间安装了智能设备、远程医疗终端和智能机器人，有助于实时关怀老年人的身心健康；床、厕所等区域都装有传感器，能实时定位老年人位置并检测异常情况；床可自动调节高低并拆卸转换成轮椅，方便老年人在室内活动；远程医疗终端可帮助老年人自行完成血压、脉搏等测量，结果会自动记录在设备内并同步到医疗中心，医生在查看报告后可通过可视电话与老年人沟通。此外，养老院还配置了多种智能机器人，例如能说话、唱歌和与老年人玩猜谜游戏的智能玩具熊，可帮助老年人洗头并检测头部健康数据的洗发机器人，以及可以感应食物温度并自动收回餐具的喂饭机器人等。

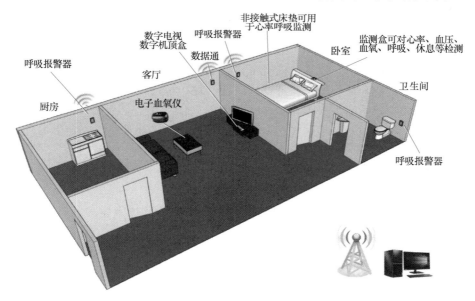

图 6-10　真心香里园养老院的智能化应用
（图片来源：参考《智慧养老产业白皮书（2019）》绘制）

真心香里园养老院以智能技术充分应用于适老化服务为特色，展现出与众不同的养老服务理念和服务模式。技术变得富有人情味且对老年人的关心无微不至，在此老年人享受到了更好的生活质量和医疗服务质量。

2. 高效安全的诊疗环境

日本东京女子医科大学等研发的"SCOT"（Smart Cyber Operating Theater）是一款移动型智能治疗室，曾获日本内阁府颁发的"第 1 届日本开放创新奖、厚生劳动大臣奖"，现已投入使用。智能治疗室通过物联网技术连接包括手术支援机械臂（协作机器人）在内的各种医疗设备（图 6-11），便于医护人员实时掌握手术进展和患者状况。智能治疗室可快速整合治疗现场、治疗支援、管理部门各自收集的信息，构建起智能化的诊疗网络；以视频记录手术内容，提供高精度手术所需的手术器械位置信息、患者生物信息以及手术导航机制，帮助医护人员提升手术的准确性和安全性。

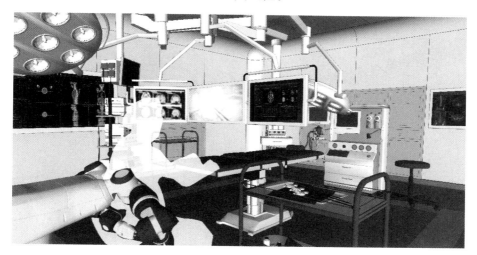

图 6-11　"SCOT"智能化的诊疗环境（模型示意）

智能诊疗室的设计理念是将手术室本身作为单独的医疗器械运作，而不仅仅只是单纯的空间或是开展诊疗活动的"容器"。其集成各种先进信息技术并辅助医护人员进行诊疗决策的特征，体现了医疗空间未来的发展趋势。

3. 多场景技术综合应用实例

位于加拿大多伦多的 Humber River 医院被誉为"北美第一家全方位数字化医院"，其在智能化建设方面的特点可以概括为：有思维的智慧医院指挥中心、能感知的智慧护理中心、可执行的高效运营。

在智慧医院指挥中心方面，医院借鉴美国国家航空航天局（NASA）指挥中心的CommandCenter 理念，通过集成平台集中监控和管理海量设备以及物流、人流、信息流，确保医院有序、安全、高效地运转。医院的指挥中心一方面关注建筑设施及后勤服务管理，通过感知、分析院内设施及后勤服务的运行状态，实现院内资源的自动调配；另一方面关注医疗服务管理，通过感知主要医疗服务区域的态势，实现诊疗服务资源的实时调配，使医院具备个性化服务、智能管理、智能安防等智慧能力。

在智慧护理中心方面，医院使用了多种智能技术和智能设备（图 6-12）。RTLS（室内定位系统）技术规划了大量室内定位标签，能够追溯医护人员的位置及时间信息，从而实现所有医护路径的可追溯以及医疗资源的优化管理。智能病床具备感知能力，当有跌倒风险的患者试图离床，报警信号会被自动发往距离最近的护理人员护士呼叫移动终端，提示其立即作出反应。病房内安装了 IBT（集成化床边终端）作为智能病房的统一交互界面，方便病患与医护人员交互。这些技术的应用不但提高了医疗服务的质量和效率，而且优化了医疗流程，提升了患者的就医体验。

在高效运营方面，医院采用了智能化的执行系统。配药系统会根据医嘱系统自动进行配药，按照病区位置由自动导航物流车 AGV（可自动联动电梯跨越楼层）送至各病区；病区分药站可通过 RFID 药品检查系统辅助检查配药盘中药品的正确性；床边的集成化终端会对药品扫码并与 EMR（电子病历）比对，以保证高效运作下最低的用药差错率。

HumberRiver 医院将先进信息技术的应用贯穿于医院的各个方面，有助于简化医护人员工作流程，减少浪费，提高医护人员工作效率。这些改变和医院环境智能的改善形成

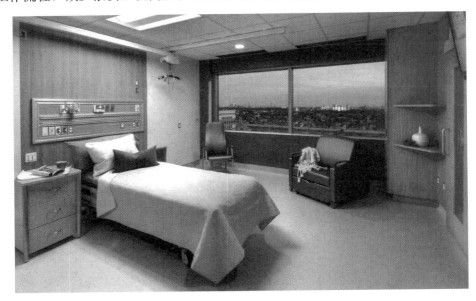

图 6-12　医院病房中的智能设备
（图片来源：全数字化医院——汉伯河医院［J］．建筑技艺，2016(5)：94-99)

相互作用的整体，合力促成医护人员与患者的正向互动：患者获得了更好的就医体验，医护人员则有更多时间、更多精力、更迅速的手段开展治疗和护理。

6.2.2　办公建筑环境智能实例

办公建筑是指供机关、团体和企事业单位办理行政事务和从事各类业务活动的建筑物。智能化办公环境集办公自动化、通信自动化及楼宇管理自动化为一体，其重要作用在于：降低运营维护成本的同时，能够创造更为舒适、人性化的工作环境。

通过应用多种先进的信息技术和智能硬件，办公建筑环境智能可具备实时感知、高效传输、自主精准控制、自主学习、个性化定制、自组织协同、智能决策等综合智慧能力，有助于快速高效地满足办公人员对于办公环境的多元复合需求（例如节能、高效、舒适、健康、安全等）。办公建筑的智能化系统致力于构建能耗监测、行为预测、健康监测、故障预警、故障诊断、风险防控、应急管理等功能，其开发和应用的侧重点主要通过办公环境中的智能办公服务体现。

1. 节能低碳办公建筑智能化

随着人们环保意识的增强，节能低碳成为办公建筑智能化设计中的首要原则，其应用趋向多维度发展。与传统办公建筑多数依赖于节能材料与设备实现节能低碳不同，智能化的办公建筑注重高效、精细化的节能智能管控。例如，通过智能管控通风口开启角度、百叶遮阳帘开闭程度等措施，实现玻璃幕墙在夏季、冬季及过渡季节良好的气候适应性。

案例一：荷兰 Goede Doelen Loterijen 公司新办公大楼由阿姆斯特丹南部的一幢闲置办公楼改造而成。通过运用先进的智能技术，结合生态和谐、节能环保、绿色低碳的理念，办公楼被打造成了绿色建筑领域的典范。建筑师充分考虑了办公人员的生理和心理健康需求，设计了一个全方位响应环保、节能、可持续等要素的屋顶。屋顶横跨现有的建筑体量，将旧庭院改造成了一个日照充足的广场（图 6-13）。办公楼不仅能满足节约能源的诉求，更能实现能量自产自足的追求：屋顶共安装了近千片太阳能电池板（图 6-14），可为建筑持续提供能量；屋顶还安装了雨水收集装置，收集到的雨水不仅被用于屋顶花园的浇灌，还被用于消防喷淋系统、建筑冲水系统的水源供给。

图 6-13　由屋顶覆盖的办公楼中庭（模型示意）

这幢办公楼采用通风、采光与遮阳等高效集成的智能化设计方法，打造出一座功能复合的充满活力的智能办公建筑，是荷兰境内最具可持续性的改造建筑之一，获得了英国建筑研究院环境评估方法（BREEAM）的"杰出（Outstanding）"评级。

随着物联网、人工智能等在建筑领域的愈来愈广泛的应用，个性化建筑节能管理逐渐成为趋势。通过人工智能与建筑的跨界融合，办公建筑内的系统、设备、传感器相互间得以联通，实现了数据的集成处理和建筑性能参数的优化设置。这不仅充分发挥了建筑的节能潜力，提高了建筑的经济价值，还为办公人员提供了舒适便捷且有助于工作效率提升的工作环境。

案例二：荷兰 Southworks 办公楼将一系列信息技术、高品质建筑空间、设计元素结

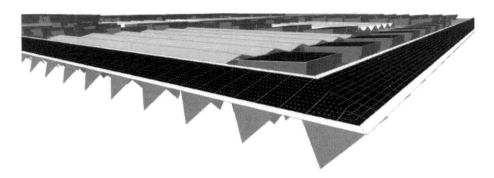

图 6-14　安装在屋顶的太阳能电池板（模型示意）

合在一起，形成了一个面向未来的地标性办公建筑（图 6-15），被称为智慧办公建筑的代表。办公楼不仅通过自动控制系统设计的智能化空调方案来降低能耗，还运用了新研发的物联网技术，将建筑内不同的技术、功能及设备集成为一个系统统一纳入中央监控平台。中央监控平台犹如"智慧大脑"，它与空调和灯光系统相连（图 6-16），可测量其环境变量，如室内外空气质量、密度、空间占有率、噪声等级等。这在减少建筑能耗的同时，也将尽可能提升建筑的环保性能。办公楼还配备了全球商户平台 Office APP，楼内商户可在线提前安排各类服务并接入各种设施，包括预约办公桌、预订房间、预订餐饮、项目汇报、参加社区活动等，实现了无接触式的便捷办公体验。

图 6-15　办公楼大厅（模型示意）

Southworks 办公楼在有力地促成材料与设备系统效能优化的同时，更注重结合建筑个性化的智能管控，创造了便捷高效、安全舒适、有助于提高工作效率的办公环境。办公楼被 Futureproof Awards 评为世界上最智慧的建筑，成为英国第一栋获得"智慧建筑白金认证"的大楼。

2. 健康可持续的智能化综合应用实例

办公建筑中的建筑设备智能管控在融入节能、环保、高效管理等理念的基础上，围绕

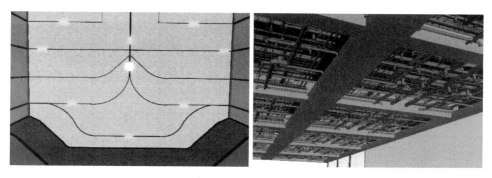

图 6-16 办公楼里可遥控的灯（左图）和智能设备（右图）（模型示意）

健康建筑设计标准，逐渐向人性化、个性化方向发展。智能控制不只是重视人群的普遍需求，还关注老人、儿童、残疾人等弱势群体的需求，其对办公环境的塑造正从能源效率型转向兼顾健康体验型。

　　英国伦敦 JJ Mack 大楼将智能办公与可持续和健康结合作为优先考虑因素，采用高效的空气系统、低/无 VOC 涂料，通过宽敞的屋顶露台将大体量的自然绿色空间引入办公楼内，旨在营造智能、舒适、高效、创新、环保的工作环境（图 6-17）。JJ Mack 大楼注重满足办公人员多方面的需求，包括健康、效率和适应性、可持续，被誉为智能建筑的典范。

图 6-17 接待大厅（模型示意）

　　在健康方面，大楼的设计充分考虑了办公人员的幸福感，致力于达到室内装潢白金WELL 评级。大楼为需要骑自行车上班的办公人员提供了舒适的更衣和休憩环境，以及智能售货机、自动饮水机、寄存柜等多种智能家居设施。在效率和适应性方面，大楼突显"智能建筑"特征（图 6-18），以先进的信息技术和性能卓越的数字化网络，迎合高效的工作方式和办公人员的个性化需求。办公人员可通过应用程序清楚地知道大楼中可用的办公桌和会议室，以及获得全程"免触摸"的公共服务体验，例如扫描障碍物、设置电梯楼层等；照明、供暖和百叶窗则可通过各楼层和区域的数控面板来控制。在可持续方面，大楼的目标是实现比 LETI 目前的平均目标低 15％的碳排放量，其屋顶设有接近 150 块光伏板，可将能源直接输送到供电系统中，并抵消来自低碳能源供应商的电力消耗；配置了先进的水管理和回收系统，能节约 70％左右的水资源；楼层分为四个区域，可在非高峰时段分区运行通风、冷却、加热、照明系统，以尽可能减少能源浪费和碳排放。

图 6-18 大楼里支撑环境智能的设备与室内吊顶一体化（模型示意）

JJ Mack 大楼的一大特色在于：在确保正式办公空间作为工作生态系统中心的前提下，重视非正式办公空间的环境氛围和功能塑造，使工作中的办公环境和下班后的休憩环境获得自然转换，以吸引和留住优秀人才。环境智能是这种特色得以实现和持续的重要支撑，体现了环境智能在行为促进方面潜在的社会效益和经济效益。由于出色的可持续性，大楼获得了英国建筑研究院环境评估方法的"杰出"评级。

本章小结

本章以建筑环境智能实例为核心，根据建筑类型和应用场景的不同，分为居住建筑环境智能和公共建筑环境智能两大方面，分别介绍了单场景的技术应用和功能实现方式，及面向多场景的技术综合应用实践案例。居住建筑环境智能实例中介绍了智慧社区类环境智能实例和适老型住宅类环境智能实例，前者的环境智能体现在社区公共空间、居住方式、室内居住空间中的智能服务，后者的环境智能体现在居住空间中的集成智能医疗服务和智能照护服务；公共建筑环境智能实例介绍了医疗建筑环境智能实例和办公建筑环境智能实例，前者的环境智能体现在就诊过程中的智能服务，后者的环境智能体现在工作时的智能办公服务等。

在网络互联、云数据智能化变革的信息时代，对智能建筑环境的可持续性及健康要求逐渐提高。学习优秀案例成功经验，从管理效率、用户使用需求和体验出发，有助于形成具有中国特色的智慧建筑创新技术体系和建筑智能环境。

思考题

1. 建筑环境智能在设计实现过程中应秉持怎样的理念？
2. 简述建筑环境智能目前主要的应用场景。

思考题参考答案

参 考 文 献

［1］ Doorsamy W，Paul B S. The State and Future of Ambient Intelligence in Industrial IoT Environments. In：Mahmood，Z.（eds）Guide to Ambient Intelligence in the IoT Environment［M］. Springer，2019：22-37.

［2］ Bohn J，Coroama V，Langheinrich M，et al. Social，Economic，and Ethical Implications of Ambient Intelligence and Ubiquitous Computing. In：Weber，W.，Rabaey，J. M.，Aarts，E.（eds）Ambient Intelligence［M］. Springer，2005：5-29.

［3］ Bibri S E. The Nature and Practices of AmI：Historical a Priori，Epistemic，Institutional，Political，and Socio-cultural Perspectives. In：The Shaping of Ambient Intelligence and the Internet of Things［M］. Springer，2015：83-123.

［4］ Jordi Vallverdú，Ambient Stupidity. In：Ravulakollu，K.，Khan，M.，Abraham，A.（eds）Trends in Ambient Intelligent Systems［M］. Springer，2016：173-186.

［5］ Demir K A，Turan B，Onel T，et al. Ambient Intelligence in Business Environments and Internet of Things Transformation Guidelines. In：Mahmood，Z.（eds）Guide to Ambient Intelligence in the IoT Environment［M］. Springer，2019：39-67.

［6］ Wang H，Li D D，Zheng Y P，et al. Study of the effect of AC drive system on the energy-saving of automatic control system for green intelligent buildings［J］. Journal of Environmental Protection and Ecology，2017，18(4)：1567-1580.

［7］ 王宏，韩晨，李丹丹，等. AIoT技术在绿色智能建筑楼宇自控系统中的最新发展和应用探究［J］. 华中师范大学学报(自然科学版)，2021，55(1)：52-60.

［8］ 王孟. 基于现场总线的楼宇自动化系统的节能设计与集成研究［D］. 成都：西华大学，2006.

［9］ 王福林. 基于物联网技术的自组织智能建筑系统架构［J］. 智能建筑，2016(8)：21-24.

［10］ 攀祥. 物联网技术在智能建筑系统集成中的应用［J］. 现代建筑电气，2014，5(4)：31-34.

［11］ 姜子炎，代允闯，江亿. 群智能建筑自动化系统［J］. 暖通空调，2019，49(11)：2-17.

［12］ 沈启. 智能建筑无中心平台架构研究［D］. 北京：清华大学，2015.

［13］ 汤春明，张荧，吴宇平. 无线物联网中CoAP协议的研究与实现［J］. 现代电子技术，2013，36(1)：40-44.

［14］ 李俊画. 浅析物联网通信技术［J］. 电信网络，2017(5)：57-60.

［15］ 杨宁，田辉，张平，等. 无线传感器网络拓扑结构研究［J］. 信息系统与网络，2006，36(2)：11-14.

［16］ Rajasekar S S，Palanisamy C，Saranya K. Privacy-preserving location-based services for mobile users using directional service fetching algorithm in wireless networks［J］. Journal of Ambient Intelligence and Humanized Computing，2021，12(7)：7007-7017.

［17］ Tian X，Wu X，Li H，et al. RF fingerprints prediction for cellular network positioning：A subspace identification approach［J］. IEEE Transactions on Mobile Computing，2019，19(2)：450-465.

［18］ 曼综. 《国务院关于推进物联网有序健康发展的指导意见》公布［J］. 军民两用技术与产品，2013(7)：4.

［19］ 吴晓恩. 科技部在北京邮电大学成功举行《室内外高精度定位导航白皮书》新闻发布会［J］. 教育与职业，2013，31：1-26.

［20］ Yassin A，Nasser Y，Awad M，et al. Recent advances in indoor localization：A survey on theoretical approaches and applications［J］. IEEE Communications Surveys & Tutorials，2017，19（2）：1327-1346.

［21］ 陈锐志，陈亮. 基于智能手机的室内定位技术的发展现状和挑战［J］. 测绘学报，2017，46（10）：1316-1326.

［22］ Laoudias C，Moreira A，Kim S，et al. A survey of enabling technologies for network localization，tracking，and navigation［J］. IEEE Communications Surveys & Tutorials，2018，20（4）：3607-3644.

［23］ Sadowski S，Spachos P. Rssi-based indoor localization with the internet of things［J］. IEEE Access，2018，6：30149-30161.

［24］ Carotenuto R，Merenda M，Iero D，et al. An indoor ultrasonic system for autonomous 3-D positioning［J］. IEEE Transactions on Instrumentation and Measurement，2019，68（7）：2507-2518.

［25］ Phutcharoen K，Chamchoy M，Supanakoon P. Accuracy Study of Indoor Positioning with Bluetooth Low Energy Beacons［C］//2020 Joint International Conference on Digital Arts，Media and Technology with ECTI Northern Section Conference on Electrical，Electronics，Computer and Telecommunications Engineering（ECTI DAMT & NCON）. IEEE，2020：24-27.

［26］ Magnago V，Palopoli L，Buffi A，et al. Ranging-free UHF-RFID robot positioning through phase measurements of passive tags［J］. IEEE Transactions on Instrumentation and Measurement，2019，69（5）：2408-2418.

［27］ Bernardini F，Buffi A，Motroni A，et al. Particle swarm optimization in SAR-based method enabling real-time 3D positioning of UHF-RFID tags［J］. IEEE Journal of Radio Frequency Identification，2020，4（4）：300-313.

［28］ Yu K，Wen K，Li Y，et al. A novel NLOS mitigation algorithm for UWB localization in harsh indoor environments［J］. IEEE Transactions on Vehicular Technology，2019，68（1）：686-699.

［29］ Ashraf I，Kang M，Hur S，et al. MINLOC：Magnetic field patterns-based indoor localization using convolutional neural networks［J］. IEEE Access，2020，8：66213-66227.

［30］ Zhang W，Yu K，Wang W，et al. A self-adaptive ap selection algorithm based on multiobjective optimization for indoor WiFi positioning［J］. IEEE Internet of Things Journal，2021，8（3）：1406-1416.

［31］ Keskin M F，Gonendik E，Gezici S. Improved lower bounds for ranging in synchronous visible light positioning systems［J］. Journal of Lightwave Technology，2016，34（23）：5496-5504.

［32］ Cheng Y，Zhou T. UWB indoor positioning algorithm based on TDOA technology［C］//2019 10th international conference on information technology in medicine and education（ITME）. IEEE，2019：777-782.

［33］ Zheng Y，Sheng M，Liu J，et al. Exploiting AoA estimation accuracy for indoor localization：A weighted AoA-based approach［J］. IEEE Wireless Communications Letters，2018，8（1）：65-68.

［34］ Yang B，Guo L，Guo R，et al. A novel trilateration algorithm for RSSI-based indoor localization［J］. IEEE Sensors Journal，2020，20（14）：8164-8172.

［35］ Kaushik S. An overview of technical aspect for WiFi networks technology［J］. International Journal of Electronics and Computer Science Engineering（IJECSE，ISSN：2277-1956），2012，1（1）：28-34.

［36］ Wenbo Y，Quanyu W，Zhenwei G. Smart home implementation based on Internet and WiFi technology［C］//2015 34th Chinese Control Conference（CCC）. IEEE，2015：9072-9077.

［37］ Yang C，Shao H R. WiFi-based indoor positioning［J］. IEEE Communications Magazine，2015，53

(3)：150-157.

[38] Wang B，Liu X，Yu B，et al. An improved WiFi positioning method based on fingerprint clustering and signal weighted Euclidean distance[J]. Sensors，2019，19(10)：2300.

[39] Alhammadi A，Alraih S，Hashim F，et al. Robust 3D indoor positioning system based on radio map using Bayesian network[C]//2019 IEEE 5th world forum on Internet of Things (WF-IoT). IEEE，2019：107-110.

[40] Ge X，Qu Z. Optimization WIFI indoor positioning KNN algorithm location-based fingerprint[C]// 2016 7th IEEE International Conference on Software Engineering and Service Science (ICSESS). IEEE，2016.

[41] Liu Z，Luo X，He T. Indoor Positioning System Based on the Improved W-KNN Algorithm [C]// IEEE Beijing Section，Global Union Academy of Science and Technology，Chongqing Global Union Academy of Science and Technology，Chongqing Geeks Education Technology Co.，Ltd. Proceedings of 2017 IEEE 2nd Advanced Information Technology，Electronic and Automation Control Conference (IAEAC 2017). School of Information and Communication Engineering. Beijing University of Posts and Telecommunications，2017：5.

[42] 常津铭，王红蕾. 基于层次聚类和贝叶斯的室内定位算法[J]. 计算机时代，2019，320(2)：9-12.

[43] 宋斌斌，余敏，何肖娜，等. 一种 BP 神经网络的室内定位 WiFi 标定方法[J]. 导航定位学报，2019，7(1)：43-47.

[44] 汪伦杰，廖兴宇，潘伟杰，等. 基于信号均值滤波＋k-means＋WKNN 的 Wifi 指纹定位算法研究[J]. 微电子学与计算机，2017，34(3)：30-34.

[45] Ren J，Wang Y，Bai W，et al. An improved indoor positioning algorithm based on RSSI filtering [C]. 2017：1136-1139.

[46] Zafari F，Papapanagiotou I，Hacker T J. A Novel Bayesian Filtering Based Algorithm for RSSI-Based Indoor Localization[C]. IEEE International Conference on Communications. IEEE，2018.

[47] 陈空，宋春雷，陈家斌，等. 基于改进 WKNN 的位置指纹室内定位算法[J]. 导航定位与授时，2016，3(4)：58-64.

[48] 田洪亮，钱志鸿，梁潇，等. 离散度 WKNN 位置指纹 Wi-Fi 定位算法[J]. 哈尔滨工业大学学报，2017，49(5)：94-99.

[49] 高仁强，张晓盼，熊艳，等. 模糊数学的 WiFi 室内定位算法[J]. 测绘科学，2016，41(10)：142-148.

[50] 黄运稳，陈光，叶建芳. 基于余弦相似度的加权 K 近邻室内定位算法[J]. 计算机应用与软件，2019，36(2)：159-162.

[51] 阮陵，张翎，许越，等. 室内定位：分类、方法与应用综述[J]. 地理信息世界，2015，22(2)：8-14＋30.

[52] 李辉，李秀华，熊庆宇，等. 边缘计算助力工业互联网：架构、应用与挑战[J]. 计算机科学，2021，48(1)：1-10.

[53] 丁春涛，曹建农，杨磊，等. 边缘计算综述：应用、现状及挑战[J]. 中兴通讯技术，2019，25(3)：2-7.

[54] Dutta J，Roy S. IoT-fog-cloud based architecture for smart city：Prototype of a smart building[C]// 2017 7th International Conference on Cloud Computing，Data Science & Engineering-Confluence. IEEE，2017：237-242.

[55] 施巍松，张星洲，王一帆，等. 边缘计算：现状与展望[J]. 计算机研究与发展，2019，56(1)：69-89.

[56] Mahgoub A, Tarrad N, Elsherif R, et al. Fire alarm system for smart cities using edge computing [C]//2020 IEEE International Conference on Informatics, IoT, and Enabling Technologies (ICI-oT). IEEE, 2020: 597-602.

[57] Wu X, Dunne R, Zhang Q, et al. Edge computing enabled smart firefighting: opportunities and challenges[C]//Proceedings of the Fifth ACM/IEEE Workshop on Hot Topics in Web Systems and Technologies. 2017: 1-6.

[58] Farooq M O. Priority-Based Servicing of Offloaded Tasks in Mobile Edge Computing[C]//2021 IEEE 7th World Forum on Internet of Things (WF-IoT). IEEE, 2021: 581-585.

[59] Bill Schilit, Norman Adams, Roy Want. Context aware computing applications [C]. IEEE Workshopon Mobile Computing Systems and Applications, Santa Cruz, CA, 1994.

[60] Karen Henricksen, Jadwiga Indulska. Modelling and using imperfect context information [C]. The 2nd IEEE Annual Conf on Pervasive Computing and Communications Workshops, Orlando Florida, 2004.

[61] Manuele Kirsch-Pinheiro, Marl'ene Villanova-Oliver, J'erome Gensel, et al. Context aware filtering for collaborative Web system: Adapting the awareness information to the user's context [C]. 2005 ACM Sympon Applied Computing, Santa Fe, New Mexico, 2005.

[62] Mohamed Khedr, Ahmed Karmouch. Negotiating context information in context aware systems [J]. IEEE Intelligent Systems, 2004, 19(6): 21-29.

[63] Anind K Dey, Jennifer Mankoff. Designing mediation for context aware applications [J]. ACM Trans on Computer-Human Interaction, 2005, 12(1): 58-80.

[64] Quan Z Sheng, Boualem Benatallah. Contextuml: A UML-based modeling language for model driven development of context aware Web services [C]. The Int'l Conf on Mobile Business, Sydney, Australia, 2005.

[65] Jan Van den Bergh, Karin Coninx. Towards modeling context sensitive interactive applications: The context sensitive user interface profile(cup)[C]. The 2005 ACM Sympon Software Visualization, St. Louis, Missouri, 2005.

[66] Michael Derntl, Karin A Hummel. Modeling context aware elearning scenarios[C]. The 3rd Int'l Conf on Pervasive Computing and Communications Workshops, Washington, DC, 2005.

[67] Panu Korpipaa, Jonna Hakkila, Juha Kela, et al. Utilising context ontology in mobile device application personalisation[C]. MUM 2004, Colleage Park, Maryland, USA, 2004.

[68] Tao Gu, Hung Keng, Pung Da, et al. A middleware for building context aware mobile services[C]. IEEE 59th Vehicular Technology Conference, Milan, Italy, 2004.

[69] Sven Buchholz, Thomas Hamann, Gerald Hübsch. Comprehensive structured context profiles (cscp): Design and experiences[C]. The 2nd IEEE Annual Conf on Pervasive Computing and Communications Workshops, Orlando, Florida, 2004.

[70] Sharat Khungar, Jukka Riekki. A context based storage system for mobile computing applications [J]. Mobile Computing and Communications Review, 2005, 9(1): 64-68.

[71] Lee Hoi Leong, Shinsuke Kobayashi, Noboru Koshizuka, et al. Casis: A context aware speech interface system[C]. IUI'05, San Diego, California, 2005.

[72] Alois Ferscha, Clemens Holzmann, Stefan Oppl. Context awareness for group interaction suport [C]. Mobi Wac'04 Philadelphia, PA, 2004.

[73] Carey Williamson, Qian Wu. A case for context aware TCP/IP[J]. Performance Evaluation Review, 2002, 29(4): 11-23.

［74］ Carey Williamson，Qian Wu. Context aware TCP/IP ［C］. ACM SIGMETRICS'02，Marina Del Rey，California，2002.

［75］ A K Dey，G D Abowd，D Salber. A conceptual framework and a toolkit for supporting the rapid prototyping of context aware applications［J］. Human Computer Interaction，2001，16（2-4）：97-166.

［76］ Kay Römer，Friedemann Mattern，et al. Infrastructure for virtual counterparts of real world objects ［R］. Department of Computer Science，ETH Zurich，Tech Rep：IFVCORWO，2001.

［77］ Adomavicius G，Tuzhilin A. Context-Aware Recommender Systems. In：Ricci，F.，Rokach，L.，Shapira，B.（eds）Recommender Systems Handbook［M］. Springer，2015：191-226.

［78］ Adomavicius G，Sankaranarayanan R，Sen S，et al. Incorporating contextual information in recommender systems using a multidimensional approach［J］. ACM Trans. on Information Systems （TOIS），2005，23(1)：103-145.

［79］ 钟凯. 基于本体的绿色施工上下文感知系统的研究［D］. 武汉：武汉理工大学，2010.

［80］ 刘欣，李忠富，姜韶华. 基于本体的建筑信息上下文建模 ［J］. 土木工程与管理学报，2016，33 （4）：94-101.

［81］ 刘栋，孟祥武，陈俊亮，等. 上下文感知系统中的规则生成与匹配算法 ［J］. 软件学报，2009，20 （10）：2655-2666.

［82］ Baltrunas L，Ricci F. Context-based splitting of item ratings in collaborative filtering［C］//Proceedings of the third ACM conference on Recommender systems. ACM Press，2009：245-248.

［83］ Ahn H C，Kim K J. Context-Aware Recommender System for Location-Based Advertising［J］. Key Engineering Materials，2011，467-469.

［84］ Panniello U，Tuzhilin A，Gorgoglione M，et al. Experimental comparison of pre- vs. post-filtering approaches in context-aware recommender systems［C］//Proceedings of the third ACM conference on Recommender systems. ACM Press. 2009：265-268.

［85］ Karatzoglou A，Amatriain X，Baltrunas L，et al. Multiverse recommendation：N-Dimensional tensor factorization for context aware collaborative filtering［C］//Proceedings of the fourth ACM conference on Recommender systems. ACM Press，2010：79-86.

［86］ Rendle S，Gantner Z，Freudenthaler C，et al. Fast context-aware recommendations with factorization machines［C］//Proceedings of the 34th international ACM SIGIR conference on Research and development in Information Retrieval. ACM Press，2011：635-644.

［87］ Wang L C. Understanding and using contextual information in recommender systems［C］//Proceedings of the 34th international ACM SIGIR conference on Research and development in Information Retrieval. ACM Press，2011：1329-1330.

［88］ 孙富康，王业，程海峰. 面向云计算的建筑能耗数据采集节点系统设计［J］. 工业控制计算机，2019，32(11)：22-23.

［89］ Amirhosein Ghaffarianhoseini，Umberto Berardi，Husam AlWaer，et al. What is an intelligent building? Analysis of recent interpretations from an international perspective［J］. Architectural Science Review，2016，59(5)：338-357.

［90］ 张庆勇. 智能建筑技术在现代建筑工程中的应用［J］. 江西建材，2022(2)：172-173，176.

［91］ 郝赫. 智能建筑发展现状与前景分析［J］. 智能建筑与智慧城市，2021(9)：134-135.

［92］ Wei C，Li Y. Design of energy consumption monitoring and energy-saving management system of intelligent building based on the Internet of things［C］// International Conference on Electronics. IEEE，2011.

[93] 刘聃，鹿毅. 浅谈基于物联网的现代智能建筑[J]. 智能城市，2020，6(22)：51-52.

[94] 邓桦，宋甫元，付玲，等. 云计算环境下数据安全与隐私保护研究综述[J]. 湖南大学学报（自然科学版），2022，49(4)：1-10.

[95] 葛文双，郑和芳，刘天龙，等. 面向数据的云计算研究及应用综述[J]. 电子技术应用，2020，46(8)：46-53.

[96] 王于丁，杨家海，徐聪，等. 云计算访问控制技术研究综述[J]. 软件学报，2015，26(5)：1129-1150.

[97] 左利云，曹志波. 云计算中调度问题研究综述[J]. 计算机应用研究，2012，29(11)：4023-4027.

[98] 蔡自兴，Durkin J，龚涛. 高级专家系统：原理、设计及应用[M]. 北京：科学出版社，2006.

[99] Liao S H. Expert system methodologies and applications A decade review from 1995 to 2004[J]. Expert Systems with Applications，2005，28(1)：93-103.

[100] Ontrup J，Wersing H，Ritter H. A computational feature binding model of human texture perception[J]. Cognitive Processing，2004，5(1)：31-44.

[101] Wersing H，Kirstein S，Schneiders B，et al. Online learning for bootstrapping of object recognition and localization in a biologically motivated architecture[C]//Proceedings of International Conference on Computer Vision Systems，Santorini，Greece，2008.

[102] 刘相滨，王卫星. 一个通用的图像处理与识别系统框架[J]. 计算机工程与应用，2003，39(33)：118-150.

[103] Neves L P，Dias L C，Antunes C H，et al. Structuring an MCDA model using SSM：A case study in energy efficiency[J]. European Journal of Operational Research，2009，199(3)：834-845.

[104] Jou Y T，Lin C J，Yenn T C，et al. The implementation of a human factors engineering checklist for human system interfaces upgrade in nuclear power plants[J]. Safety Science，2009，47(7)：1016-1025.

[105] Chuang Y H，Yoon W C，Min D. A model-based framework for the analysis of team communication in nuclear power plants[J]. Reliability Engineering & System Safety，2009，94(6)：1030-1040.

[106] 张煜东，吴乐南，奚吉，等. 进化计算研究现状（上）[J]. 电脑开发与应用，2009，22(12)：1-5.

[107] 许海玲. 互联网推荐系统比较研究[J]. 软件学报，2009，20(2)：350-362.

[108] Agrawal R，Imielinski T，Swami A. Mining association rules between set of items in large databases[C]//Proceedings of the ACM SIGMOD Conference on Management of Data，1993：207-216.

[109] Han J，Pei J，Yin Y，et al. Mining frequent patterns without candidate generation[J]. Data Mining and Knowledge Discovery，2004，8：53-87

[110] Zhou T，Ren J，Medo M，et al. Bitpartite network projection and personal recommendation[J]. Phys Rev E，2007，76(4Pt 2)：046115.

[111] Zhou T，Jing L L，Su R Q，et al. Effect of initial configuration on network-based recommendation[J]. Europhys Lett，2008，81：58004.

[112] Noble W S. What is a support vector machine? [J]. Nature biotechnology，2006，24(12)：1565-1567.

[113] Ronneberger O，Fischer P，Brox T. U-net：Convolutional networks for biomedical image segmentation[C]//Medical Image Computing and Computer-Assisted Intervention-MICCAI 2015：18th International Conference，Munich，Germany，October 5-9，2015，Proceedings，Part III 18. Springer

International Publishing，2015：234-241.

[114]　Graves A，Graves A．Long short-term memory[J]．Supervised Sequence Labelling with Recurrent neural Networks，2012：37-45.

[115]　Kyunghyun Cho，Bart van Merriënboer，Caglar Gulcehre，et al．Learning Phrase Representations using RNN Encoder－Decoder for Statistical Machine Translation[J]．In Proceedings of the 2014 Conference on Empirical Methods in Natural Language Processing（EMNLP），2014：1724-1734.

[116]　Silver D，Schrittwieser J，Simonyan K，et al．Mastering the game of go without human knowledge [J]．Nature，2017，550(7676)：354-359.

[117]　Djenouri D，Laidi R，Djenouri Y，et al．Machine learning for smart building applications：Review and taxonomy[J]．ACM Computing Surveys（CSUR），2019，52(2)：1-36.

[118]　Alanne K，Sierla S．An overview of machine learning applications for smart buildings[J]．Sustainable Cities and Society，2022，76：103445.

[119]　Qolomany B，Al-Fuqaha A，Gupta A，et al．Leveraging machine learning and bigdata for smart buildings：A comprehensive survey[J]．IEEE Access，2019，7：90316-90356.

[120]　邱春梅．公共建筑能源管理系统应用探讨[J]．智能建筑，2019(10)：53-57.

[121]　张庆生，齐勇，侯迪，等．基于隐马尔科夫模型的上下文感知活动计算[J]．西安交通大学学报，2006(4)：398-401.

[122]　李贝贝．基于条件随机场模型的极化 SAR 图像分类研究[D]．西安：西安电子科技大学，2021.

[123]　Kim J C.，Chung K．Neural-network based adaptive context prediction model for ambient intelligence[J]．Journal of Ambient Intelligence and Humanized Computing，2020，11：1451-1458.

[124]　Majed M．Aborokbah，Saad Al-Mutairi，Arun Kumar Sangaiah，et al．Adaptive context aware decision computing paradigm for intensive health care delivery in smart cities—A case analysis[J]．Sustainable Cities and Society，2018(41)：919-924.

[125]　Mahgoub A，Tarrad N，Elsherif R，et al．Fire Alarm System for Smart Cities Using Edge Computing[C]//2020 IEEE International Conference on Informatics，IoT，and Enabling Technologies（ICIoT），Doha，Qatar，2020：597-602.

[126]　Davoudi A，Malhotra K R，Shickel B，et al．Intelligent ICU for autonomous patient monitoring using pervasive sensing and deep learning[J]．Scientific Reports，2019，9(1)：1-13.

[127]　Haque A，Milstein A，Fei-Fei L．Illuminating the dark spaces of healthcare with ambient intelligence[J]．Nature，2020，585(7824)：193-202.

[128]　Bächlin M，Plotnik M，Roggen D，et al．Wearable assistant for Parkinson's disease patients with the freezing of gait symptom[J]．IEEE Trans Inf Technol Biomed，2010，14(2)：436-446.

[129]　Bibri S E．AmI and the IoT and Environmental and Societal Sustainability：Risks，Challenges，and Underpinnings．In：The Shaping of Ambient Intelligence and the Internet of Things [M]．Atlantis Press，2015：163-215.

[130]　Norbert Streitz，Dimitris Charitos，Maurits Kaptein，et al．Grand Challenges for Ambient Intelligence and Implications for Design Contexts and Smart Societies[J]．Journal of Ambient Intelligence and Smart Environments，2019，11(1)：87-107.

[131]　Firdhous，M F M．Security Implementations in Smart Sensor Networks．In：Ravulakollu，K.，Khan，M.，Abraham，A.（eds）Trends in Ambient Intelligent Systems[M]．Springer，2016：187-221.

[132]　Nicole Martinez-Martin，Zelun Luo，Amit Kaushal，et al．Ethical issues in using ambient intelligence in health-care settings[J]．The Lancet Digital Health，2021，3(2)：e115-e123.

[133] Wang J B, Jiang Y L, Qin B J. Carbon-free energy optimization in intelligent communities considering demand response[J]. Energy Reports, 2022, 8: 15617-15628.

[134] Marsal-Llacuna M L. How to succeed in implementing (smart) sustainable urban Agendas: "keep cities smart, make communities intelligent"[J]. Environment, Development and Sustainability, 2019, 21(4): 1977-1998.

[135] Amadeo M, Cicirelli F, Guerrieri A, et al. When edge intelligence meets cognitive buildings: The COGITO platform[J]. Internet of Things, 2023, 24: 100908.

[136] Botticelli M, Ciabattoni L, Ferracuti F A. Smart Home Services Demonstration: Monitoring, Control and Security Services Offered to the User-All Databases[C]// 2018 IEEE 8th International Conference on Consumer Electronics. IEEE, 2018: 1-4.

[137] Westskog H, Julsrud T E, Kallbekken S. The role of community sharing in sustainability transformation: case studies from Norway[J]. Sustainability: Science, Practice and Policy, 2021, 17(1): 334-348.

[138] Zhu P P, Shen J, Xu M. Study on the evolution of information sharing strategy for users of online patient community[J]. Personal and Ubiquitous Computing, 2023: 689-695.

[139] Henni S, Staudt P, Weinhardt C. A sharing economy for residential communities with PV-coupled battery storage: Benefits, pricing and participant matching [J]. Applied Energy, 2021, 301: 117351.

[140] Mohamed M, El-Kilany A, El-Tazi N. Future Activities Prediction Framework in Smart Homes Environment[J]. IEEE Access, 2022, 10: 85154-85169.

[141] 陈铭, 侯亚杰. 未来社区——社区建设与治理模式的创新[J]. 城市建筑, 2022, 19(12): 1-4.

[142] 汝鹏, 沈娅云, 苏竣. 智慧社区如何影响社区依恋?——基于北京老旧小区智慧化改造的案例研究[J]. 中国软科学, 2023(4): 66-75.

[143] 李志强, 许峰. 整体智治与网络融合: 智慧社区应急治理机制及路径——基于浙江的实践探索[J]. 电子政务, 2022(9): 27-38.

[144] 金筱霖, 王晨曦, 张璐, 等. 数字赋能与韧性治理双视角下中国智慧社区治理研究[J]. 科学管理研究, 2023, 41(1): 90-99.

[145] 陈福平. 智慧社区建设的"社区性"——基于技术与治理的双重视角[J]. 社会科学, 2022(3): 64-73.

[146] 陈弓, 谢圣祺, 王薇. 基于共享理念下老旧社区公共空间微更新[J]. 工业建筑, 2020, 50(1): 80-83, 90.

[147] 章迎庆, 孟君君. 基于"共享"理念的老旧社区公共空间更新策略探究——以上海市贵州西里弄社区为例[J]. 城市发展研究, 2020, 27(8): 89-93.

[148] 李兆祺, 朱志娟. 基于生态理念的智能家居人机交互艾灸机器人[J]. 环境工程, 2023, 41(S2): 1309-1313.

[149] 朱思峰, 杨诚瑞, 柴争义. 基于神经网络的智能家居管控方案[J]. 南开大学学报(自然科学版), 2023, 56(5): 1-8.

[150] 倪春晓, 孙一勤, 李晖, 等. 远程居家照护的研究现状和发展策略[J]. 中华护理杂志, 2016, 51(11): 1344-1348.

[151] 戴靓华, 周典, 何静, 等. 基于地域综合照护的社区适老化研究——以日本柏市丰四季台为例[J]. 建筑学报, 2018(S1): 45-49.

[152] 陈玉婷, 梅洪元. 基于IOT技术的智慧养老建筑体系研究——以日本为例[J]. 建筑学报, 2020(S2): 50-56.

[153] 王晓慧，向运华. 老年智慧照护服务体系探究[J]. 学习与实践，2019(5)：88-97.

[154] 张山，崔薇，吴瑛. 人工智能在老年照护中的研究热点与发展趋势[J]. 军事护理，2022，39 (12)：47-50.

[155] Ciampi M，Coronato A，Naeem M，et al. An intelligent environment for preventing medication errors in home treatment[J]. Expert Systems with Applications，2022，193：116434.

[156] Ismail A，Erdogmus E，Yang E，et al. Beyond Physical Accessibility for Inclusive Age-Friendly Homes：Insights from a Comparative Study of Two Residential Developments[J]. Journal of Architectural Engineering，2023，29(4)：05023005.

[157] Van Hoof J，Marston H R，Kazak J K，et al. Ten questions concerning age-friendly cities and communities and the built environment[J]. Building and Environment，2021，199：107922.

[158] Yamashita K，Oyama S，Otani T，et al. Smart hospital infrastructure：geomagnetic in-hospital medical worker tracking[J]. Journal of the American Medical Informatics Association，2021，28 (3)：477-486.

[159] Kwon H，An S，Lee H Y，et al. Review of Smart Hospital Services in Real Healthcare Environments[J]. Healthcare Informatics Research，2022，28(1)：3-15.

[160] 郭潇雅. 广东省二医：打造全场景智能医院[J]. 中国医院院长，2021，17(9)：77-79.

[161] 赵海鹏，沈宇杨，宋雪. 基于新型信息技术集成的智慧病房建设实践[J]. 中国医院管理，2022，42(9)：55-57，90.

[162] 巩英杰，张媛媛. "互联网＋"视角下养老服务产业转型升级路径研究[J]. 宏观经济研究，2020 (3)：153-163.

[163] Chen J L，Augenbroe G，Song X Y. Evaluating the potential of hybrid ventilation for small to medium sized office buildings with different intelligent controls and uncertainties in US climates[J]. Energy and Buildings，2018，158：1648-1661.

[164] Tuzcuoglu D，Yang D J，De Vries B，et al. The phases of user experience during relocation to a smart office building：A qualitative case study[J]. Journal of Environmental Psychology，2021，74：101578.

[165] Donkers A，Yang D J，Guendouz S. Making sense of smart features in the smart office：a stated choice experiment of office user preferences[J]. Building Research and Information，2023：1-14.

[166] 许志平，朱晗，冯彦博，等. 智慧办公建筑空间营造的功能要素需求调查研究[J]. 建筑科学，2023，39(10)：222-234.

[167] 何琦琦，张香莹，李黛，等. HCPS 视角下的智慧健康办公[J]. 机械工程学报，2022，58(18)：229-239.